工人师傅教你家装

HOME DECORATION DESIGN AND CONSTRUCTION

施工技巧600招

叶萍 编

中国电力出版社
www.cepp.sgcc.com.cn

内容提要

全书共分15章，以装修大流程的顺序呈现。装修前期讲解了毛坯房的验收及技巧，以及应为接下来的施工所做的准备工作；装修施工中期则从拆除工程开始，到水电施工、墙地砖施工、吊顶施工、木作施工、涂料施工等；装修后期讲解了地板、门窗、家具等的安装工程；最后则以装修施工验收为结尾。总体上以一问一答的形式呈现出以上工程所总结出的600个施工技巧。

图书在版编目（CIP）数据

工人师傅教你家装施工技巧600招 / 叶萍编 . — 北京 ：中国电力出版社，2017.1

ISBN 978-7-5198-0065-9

Ⅰ．①工… Ⅱ．①叶… Ⅲ．①住宅－室内装修－工程施工 Ⅳ．① TU767

中国版本图书馆 CIP 数据核字 (2016) 第 282835 号

中国电力出版社出版发行

北京市东城区北京站西街19号　100005　http://www.cepp.sgcc.com.cn

责任编辑：曹　巍　责任印制：蔺义舟　责任校对：李　楠

北京博图彩色印刷有限公司·各地新华书店经售

2017年1月第1版·第1次印刷

880mm×1230mm　1/32　8.5印张　232千字

定价：39.80 元

Preface

对于初次装修的业主，最重要也是最烦琐的便是家装施工环节。家装施工涉及的材料、施工项目庞杂，不懂得施工知识的业主便失去装修主动权，被迫地听从装修工人和装修公司的摆布。装修公司会在施工过程中乱加价，装修工人的施工则会偷工减料、以次充好。最后导致房屋施工质量不合格、环保系数不达标等常见问题。

解决这一问题的办法是，业主自己掌握一定的装修知识、了解装修施工过程中最易出现的问题，以此避免施工不合格等问题的发生。而本书的编写便是为了更好地帮助业主，从不懂施工的小白，到精通施工各个环节，重新掌握装修施工的主动权。

本书首先汇集了众多业主共同关注的常见施工问题，从新房验收到水电改造，从木作工程到施工验收技巧，归纳总结出 600 个涉及各个施工环节的问题。问题的涵盖面广泛，并且问题的排列顺序是随着装修流程展开的，业主了解问题的同时，也懂得了装修施工的流程。每一个问题的解答，都是专业的施工人员从多年的施工经验中总结得出的，具备足够的专业性。通过系统的总结、细致的解答，帮助业主更轻松地面对装修施工。

参与本书编写的有：武宏达、杨柳、赵利平、李峰、王广洋、董菲、刘杰、于兆山、蔡志宏、邓毅丰、黄肖、刘彦萍、孙银青、肖冠军、李小路、李小丽、张志贵、李四磊 、王勇、安平、王佳平、马禾午、赵莉娟、周岩。

目录
Contents

PART 3 电路工程

PART 4 水路工程

PART 5 隔墙工程

PART 6 墙地砖工程

PART 7 吊顶工程

PART 8 木作工程

PART 9 涂料工程

PART 10 壁纸及软包工程

PART 11 门窗及楼梯工程

PART 12 地板及地毯工程

PART 13 厨房及卫生间工程

PART 14 安装工程

PART 15 施工验收工程

PART

1

新房验收工程

施工前应特别注意毛坯房的验收。例如，墙、地、顶是否有空鼓、裂缝；厨房、卫生间是否有渗漏现象；电闸、开关和线路是否正常等。这关系到业主的人身安全和后期的装修施工。另外各项开工手续、施工保护等，也是令施工得以好、快、省、安全进行的必要条件。

001 利用光线检查入户门的漆面平整度

入户门主体上的缺陷与问题相对容易发现。磕碰、变形造成门的主体的变化是一目了然的，然而磨损、污渍却容易忽视。在检查这类问题时应当仔细，发生磨损、变形、磕碰的入户门是无法维修好的，须联系物业进行更换。入户门表面的喷漆层在正常的光线环境下不容易检查出漏刷、流坠等问题。将入户门开关到合理位置，利用光线折射到门面的亮光进行观察，漆面有问题的地方便清晰可见。

002 五金件质量决定入户门的寿命长短

五金件	检查方法	问题汇总
防盗锁	1. 看防盗锁的门插多少，好的防盗锁在门的上侧也会有门插，安全系数高 2. 看门插是否过长或者过紧 3. 用钥匙反复地开关防盗锁，看转动是否顺利	1. 门插过少的防盗锁安全没保障 2. 锁芯的质量差会出现转动钥匙吃力的情况
门把手	1. 看门把手的材质，握感是否舒适 2. 反复地扳动门把手，看转动是否灵活	1. 材质差的门把手质量较轻，怕磕碰 2. 转动时有声音的门把手不耐用
铰链	1. 反复地开关入户门，听铰链是否有“吱嘎”的响声 2. 看铰链的加固处是否松动	门开关有响声或不流畅，证明铰链的质量很差

003 检查顶面的平整度

倾斜：可采用测量层高的米尺，在室内空间的两头分别测量层高，得出的尺寸相差在 1cm 内属于正常，超过 1cm 则说明顶面发生了倾斜。

弯曲与起浪：利用室外的自然光线，观察顶面白漆的反光度是否由远及近地变化。主要观察顶面的中间地带。

隆起或凹陷：一般会发生在顶面的边角处，隆起的部位视觉容易观察，凹陷的部位需利用光线的变化判断。

推荐使用米尺作为测量工具。测量时，应涵盖室内的每一处独立空间，多测几处得出的结果可信度更高。若卧室与客厅的层高存在偏差，但其各自空间的平整度良好，则可以忽略。在后期的装修中可以解决这一问题。

004 看顶面漆皮脱落的位置与面积

小面积的顶面漆皮脱落不能判定房屋有质量问题。若漆皮脱落的面积较大，又发生在房屋的边角处，则需格外注意。漆皮脱落的位置长有霉菌，说明顶面有轻微的渗水现场，需及时联系物业处理。

漆皮脱落有时可能是乳胶漆质量不好导致的，这样的情况不算问题，在后期的装修中便可解决。

005 看顶面犄角处的水渍渗漏

顶面的水渍渗漏一般发生在厨房、卫生间及阳台。检查时，注意这几处空间的犄角处，尤其是顶面有管道通下来的位置。检查是否有明显的裂痕和水渍渗漏的面积等。存求这种情况说明楼上的防水有问题，对住宅后期装修的影响较大。

006 看阴阳角的水渍渗漏

检查阴阳角线时，随着落在角线处的自然光线向一侧方向移动。这个过程便是利用同一束光线的均匀光照，检测阴阳角线水平度的变化，得出的结果很准确。若阴阳角线的弯曲或水平差异不大，则在后期的装修中可以弥补；若水平度差异明显，建议联系物业及时维修。

采用这个办法需在光线充足时进行，否则可利用米尺测量的办法检测。检测的方法已在上面说明，不再赘述。

007 检查墙体裂缝的位置及技巧

大的裂缝一眼便可观察到，小的裂缝则需要细心地在每一处空间检查。检查过程中，主要检查墙体靠近顶面处、剪力墙与普通墙体的衔接处（剪力墙可在房屋图纸上确定）、阳台与客厅的连接处。

剪力墙与普通墙体、客厅与阳台、墙体与顶面水泥板都属于施工中的衔接位置，因此，极容易产生裂痕，所隐藏的危险也更严重。

008 检查墙身的平整度

除使用顶面平整度的检测方法外，还可利用工具检测。使用靠尺紧贴住墙面从一侧向另一侧移动，切记不可太用力，并保持匀速。弯曲、起浪、隆起或凹陷的问题轻易地便可检测出来。

需要配备一把靠尺，长度以 2m 为标准，则检测的结果更准确。同时，配合顶面平整度的检测办法，效率更高。

009 墙身渗水说明保温层有问题

发生墙面渗水的情况更多的是冬季，会发现靠近外立面的墙体有水滴、结露的现象，一般在靠近地面的区域成片地出现。这类情况说明墙体内的保温层有渗漏问题，导致室外的雨水或冷空气与室内空气发生传导反应。

010 敲击墙面测空鼓

工　具	检查方法
响鼓槌 （专业测墙工具）	敲击正常的墙体与空鼓的墙体声音的差别十分明显，可轻易地发现发生问题的墙体
小钢锤	硬度高，敲击到空鼓墙体会发出闷闷的声响。但需掌握适度的敲击力度
家中的坚硬物体 （钢制饭勺等）	不用购买专门的验房工具，携带方便。但检测时需要有良好的听力去辨别

墙体空鼓是常发生的验房质量问题。检测不全面会导致后期墙面粘贴瓷砖、涂刷乳胶漆或粘贴壁纸发生脱落的现象，问题十分严重。检测到阳台时，敲击的声音与室内的不同是因为有保温层的缘故，不用担心阳台整体出现空鼓的问题。

011 检查地面的沙粒及灰尘量

用鞋底摩擦地面或用扫把清扫地面，看地面沙粒的聚拢量及灰尘的多少。若清扫后房屋有明显的灰尘，说明地面水泥的质量不合格。

主要检测卧室、书房等后期铺地板的房间。客厅、餐厅则可以在装修中的地面找平中解决。

012 利用水流检测地面水平度

检测地面水平度最好的办法是使用水平尺。这里提供不用工具的测量方法：将手中的矿泉水倒向地面，可在水龙头处反复地接水，看水流的方向。若水流不动，则说明水平度良好；若水流向一侧流动，说明地面有向一面倾斜的问题。

013 检查窗户紧闭时的密封性

① 主要检查窗户的密封条，用手轻轻拉拽窗户的密封条，看粘贴得是否牢固。

② 紧闭窗户的情况下，脸部贴近窗缝的位置，感受是否有风吹动。

③ 观察窗户与墙体连接的位置，白色胶条的粘贴是否连贯，有无漏胶。

014 观察窗框表面的完好度

在检查时，眼睛不容易观察的地方，采用手摸的方式，感受窗框的表面是否有划痕与坑洼处，且每一处空间的窗框都需检查，不可漏查。

检查时，切记不要撕掉窗框的保护膜，否则，在后期的装修中容易损坏窗框的表面。

015 窗户五金件质量影响窗户的日常使用

五金件	检查方法	问题汇总
窗把手	1. 反复活动把手，看把手是否灵活 2. 转动把手时，看窗锁的移动是否协调	1. 把手转动困难说明内部的五金件用材质量较差 2. 把手与锁的活动不协调会出现关闭窗户时不严实

续表

五金件	检查方法	问题汇总
窗铰链	1. 反复开关窗扇，听铰链是否有刺耳的响声 2. 用力地左右、上下摇晃窗扇，看铰链安装是否牢固	1. 发出不自然响声的铰链内部存在问题 2. 铰链与窗扇安装不牢固会导致窗扇脱落

016 检测推拉门的灵活移动

主要看推拉门移动时，滑轨移动是否畅通、无阻碍，轨道不应有磕碰过的痕迹，不然都会影响推拉门的正常移动。

开发商提供的推拉门质量一般较差，建议业主在后期的装修中更换新的推拉门。

017 检查护栏与墙体的固定位置

① 观察护栏的表面是否有划痕、凹陷、弯曲或变形等情况。

② 用坚硬物体敲击护栏，听声音的清脆程度。根据声音判断金属的厚度是否合格。

③ 轻微地晃动护栏，看护栏与墙体的连接处螺钉是否松动。

018 护栏在不同位置的标准高度

位置	标准高度
阳台	护栏的高度应高出阳台矮墙 250mm
飘窗	护栏高度从飘窗窗台起 450mm
落地窗	护栏从地面起 1100mm
卧室窗	护栏应高出卧室窗台 250mm

护栏满足上述高度可保证安全性。但除去测量护栏高度外，也应测量护栏的栏杆密度，一般以间隔100mm为标准。

019 卡尺测量电线直径

① $2mm^2$ 电线的应用：客厅、餐厅、卧室、书房、阳台的常用插座。

② $4mm^2$ 电线的应用：客厅、餐厅、卧室、书房的空调插座，厨房的插座，卫生间的插座。

铜芯直径	所对应横截面积
1.12mm	$1mm^2$
1.38mm	$1.5mm^2$
1.78mm	$2.5mm^2$
2.25mm	$4mm^2$
2.76mm	$6mm^2$

一般 $6mm^2$ 的电线用在大功率的家用电器上，如厨房间的速热器等处，目的是保证速热器使用到最大功率时，依然能保证电路的正常运行。

020 充电宝检测各空间插座是否正常

开关与总电闸的好用与否只需一开一关便能检测。插座的检测则需要利用到手机的充电功能。在不同的空间，抽查几处插座，若充电宝充电正常，则说明插座没有问题。

检测插座只需一侧墙面检测一个，便能得到准确的结果，可有效地节省检测的时间。

021 总控开测分控闸门的正常使用

在入户的总闸门处，内部有不同的闸门开关。检查时应分别开关单一的分控开关，看室内相对应空间的灯泡是否明亮。如此，可检测室内电路的分布是否标准与能否正常使用。

022 检测自来水水质

检测自来水水质时，最好在水龙头的下面摆放一个水桶。这样做有两点好处：其一，防止水流漫延至整个屋子；其二，可根据水桶中的水质的好坏，判断自来水是否合格。

尽量将让自来水多流一会，往往从水龙头先流出的水较脏，过后却很清澈。

023 根据水流速度判断水压

检测水压的办法最好用压力表，但也有较方便的检测方法。可以将水龙头开到最大，看水流的速度与冲击力有多大。一般压力好的水流向前溢出的距离较远；相反，压力较弱的水流，则流水缓慢，且无法向前溢出一定的距离。

TIPS

测试水流时，将水龙头指向地漏的位置，防止弄得地面全是水，清理起来十分麻烦。

024 检测水压的技巧

检测水压的办法最好用压力表，但也有较方便的检测方法。可以将水龙头开到最大，看水流的速度与冲击力有多大。一般压力好的水流向前溢出的位置较远；相反，压力较弱的水流，则流水缓慢，且无法向前溢出一定的位置。

025 检查给水管的渗漏情况

在水龙头自然流水的过程中，检测外露给水管、排水管是否有漏水的状况。有些轻微的渗漏状况难以发觉，可以用手触摸水管的外壁，如有湿气或水流，则说明水管有渗漏的情况。

一旦发现给排水管有渗漏的问题，应及时联系物业方，避免影响后期的房屋装修。

026 测试防水

地面测防水：用水泥沙浆做一个槛堵着卫生间的门口，拿一胶袋罩着排污 / 水口，再加以捆实，然后在卫生间放水，浅浅就行了（约高 2cm）。约好楼下的业主在 24 小时后查看其家卫生间的天花板。

墙面测防水：用水龙头模仿花洒喷水的方式对做过防水的墙面进行喷水。等 24 小时后看墙的表面有没有湿水点。如果没有，说明墙面做防水合格，具备防水性能；如果有，说明不合格。

主要的漏水位置是：楼板直接渗漏，管道与地板的接触处。测试墙面的防水主要在卫生间的淋浴处，高度以 1.6m 为标准。

027 晃动燃气管道检测牢固度

在轻微地晃动燃气管道，看管道的支架与墙体固定处的螺钉是否松动。看燃气表是否牢固。看固定管道的吊架数量是否充足。

燃气在室内的位置在后期是不允许移动的，因此，其本身的牢固度尤其关键。后期的检测与移动都需要专业的燃气工作人员帮助。

028 掌握燃气的开放方式

① 燃气阀门有个手柄，手柄与管道平行即是打开状态，垂直是关闭。如果没有手柄，可以使用阀门上的长方形主柄。

② 阀门的把手与管道成“一”字证明是开的，成“十”字是关的。另外，手柄顺时针旋转为关，逆时针旋转为开。

029 燃气报警器是否运行正常

检测报警装置前，先给仪器连接 220V 电源，待报警器进入预热状态。当报警器预热好以后，在离报警器感应器窗口正上方 1cm 的位置，用打火机以不点火的方式轻轻放些气体出来，2~5 秒的时间，看报警器是否给出报警提示。

030 烟道口点燃废弃报纸

在烟道的开孔处附近，点燃废弃的报纸，也可以利用香烟冒出的烟雾，看烟雾是否被烟道吸进去。若烟雾被快速地吸进去，则说明烟道的通畅效果很好。

TIPS

点燃的报纸不可离烟道开孔处太近或者太远，应保持 5cm 的距离检测最为合适。

031 检查烟道管壁的厚度

在烟道的开孔处，双手触摸烟道的内外两侧，感受烟道管壁的厚度。管壁的厚度不足一个手指厚，说明质量不合格；另一种办法是用硬物轻轻地敲击烟道管壁，如果发出沉闷厚重的声音，则证明烟道的质量很好。烟道开孔的高度应满足的条件是，在后期装修中其位置可以隐藏在集成吊顶的里面。开孔的位置应靠近管壁的中央，且开孔不宜过大。

TIPS

通常检测厨房的烟道就可以，其余烟道所用材质的质量与厨房的是一样的。烟道开孔的大小决定后期的使用中是否会出现漏烟的情况，因此开孔较小实际上是合理的。

032 查看外立面墙体的空调位置

可以在进入到单元门前查看所在楼层的外立面上是否留有空调外机的摆放位置，也可在验房时挨近窗口查看。一般家用空调在客厅、两个卧室外立面都应留有外机位置。

有些小区对楼房外立面有严格的要求，不允许随意悬挂空调外机。因此在验房时就应确定好空调外机的位置

033 查看空调孔洞的高度与位置

分别的在各处需要安装空调的空间检查，如客厅、卧室靠外墙一面的位置。卧室的孔洞应在上方，客厅的孔洞应在下方，孔洞不应歪斜、不规则。

034 中央空调的制冷效果很重要

有中央空调的房屋，主要检测中央空调的制冷性能。并在其运行时听中央空调是否发出扰人的噪声。

需要知道中央空调主机的安装位置，以免在后期装修中不慎封堵住空调主机的散热口。

035 查看地暖阀门的位置

地暖阀门多数安装在厨房的位置，靠近安装橱柜的一侧，后期可以隐藏在橱柜内部。如地暖阀门安装在其他位置，则应注意地暖阀门是否影响后期房屋的装修。

地暖阀门的位置是不容易改动的，它涉及地面的地暖是否需要重新铺设。因此在发生问题时，应与物业进行协商。

036 要求物业方做打压试验

打压试验分为五个步骤：

① 应以每一组分集水器为单位，用水压泵将地暖系统内充满水，同时把系统管道内的气体排净；

② 缓慢升压至 0.6MPa 或系统工作压力的 1.5 倍；

③ 在升压过程中随时观察和检验地暖管路、地暖管与分集水器连接点、分集水器及其连接件等处有无渗漏；

④ 稳压一小时后再检查有无渗漏点；

⑤ 确定无渗漏后，将压力再升至 0.6MPa，观察 15 分钟，压力降 <0.03MPa 为合格。

全程打压试验由工人来完成。试验完成后，没有跑漏现象，说明地暖良好。

PART

2

拆除工程

关于毛坯房的拆除工程似乎除去墙体拆除，便没有其他的拆除项目了，然而其中关于剪力墙的问题是需要关注的，拆除时也应避开剪力墙所在的位置；相对于毛坯房，二手房的拆除项目则庞大且繁杂，从地面的瓷砖、地板到墙面的壁纸、乳胶漆，拆除时都需格外注意。每一项目的拆除都会牵连到其他项目，从这些项目中寻找到材料的拆除先后顺序与技巧，可令拆除工程事半功倍。

037 拆墙前到物业审批

一般情况下，楼房竣工时，原设计单位会给物业公司留一份图纸。图纸上对承重墙、非承重墙等各种墙体的厚度和材质等都标注清楚。根据图纸，物业公司便能确定哪些是可以拆除的墙体。因此业主在墙体改造之前，必须把设计师给的施工图纸递交到物业公司，得到物业的批准后才能施工。

038 四招学会辨认承重墙

① 看户型图资料：在房屋户型图中，工程图上标注为黑色的墙体都是承重墙，标注为白色部分的墙体为非承重墙，这类墙体可以改造拆除，对房屋建筑不会有影响。

② 看房屋的结构：一般说来，砖混结构的房屋所有墙体都是承重墙。框架结构的房屋外墙为承重墙，内部的墙体一般都不是承重墙。

③ 看房屋的档次：一般低矮的住宅楼、平房和别墅都是砖混结构的，基本各面都是承重墙。而高层电梯楼、洋楼则以框架结构的居多。

④ 看墙体的厚度：非承重墙都比较薄，一般在 10cm 左右。用手拍一拍，有清脆的大回声的，是轻体墙，而承重墙一般厚度在 240mm 以上，敲起来应该没什么太大的声音。

039 承重墙改造常见误区

误区	说明
一	承重墙体结构可以随便改动。装修中的墙体改造是不能损坏承重墙体的。因为损坏承重墙体即破坏了所在建筑的抗震性。按照法律规定，破坏承重墙，不但必须恢复，而且还可能被处以高达20万元的罚款。所以，承重墙是万万动不得的
二	承重墙能拆除。一般来讲，承重墙是不可以拆除的。如果你拆除了承重墙，你的邻居有权起诉并要求恢复。为了安全还是不要拆除承重墙。同时，承重墙是经过科学计算的，如果在承重墙上打孔装修，就会影响建筑的稳定性
三	承重墙能开门。抛开法律层面的约束，单纯从技术角度考虑可以开门，但这个拆除施工作业及后续加固方案必须由专业建筑公司来完成。施工一定要嵌入槽钢，而且门不宜过宽，建议还是不要敲动承重墙
四	非承重墙就一定能拆。传统观念认为，房内的承重墙不能拆，非承重墙都可以拆，其实这是一个大误区。事实上，并不是所有的非承重墙都可以随意拆改。非承重墙同样具有两个重要的作用。一个是对墙体自重的支撑作用，另一个是抗震作用。所以，就某一家庭来说，拆除非承重墙或在墙上打个洞没有太大问题，但如果整栋楼的业主都随意拆改非承重墙体，则将会大大降低楼体的抗震性

040 拆墙时注意考虑改造电路管线

在拆之前，也要对电路的改造方向详细考虑。一般墙体中都带有电路管线，要注意不要野蛮施工，弄断电路。毕竟，电路的改造是工程造价中很有水分的一个部分，规划好装修方案可以省下很大一笔资金。

TIPS

厨房、卫生间等空间的墙体，内部的电线排布比较多，若拆除墙体时，不加注意，很可能会损坏原有的电路，导致不必要的经济损失。

041 预制板墙上不可开门窗洞

凡是预制板墙一律不能拆除，也不能开门或开窗。特别是厚度超过 24cm 的砖墙，一般都属于承重墙，不能轻易拆除和改造。如果拆除了承重墙，就会破坏力的平衡，造成严重的后果，甚至危及生命。

水泥预制板墙是硅酸盐水泥与钢筋龙骨预制而成的墙体，一般由模板预制为板状，因而得名水泥预制板墙。多用于砖混结构的建筑，早期因其先行预制并直接用于建筑施工中，节约建筑红砖的砌筑时间被广为使用。

042 横梁下的轻体墙通常起到承重作用

有的轻体墙也承担着房屋的部分重量，不应拆除。比如，横梁下面的轻体墙就不可以拆，因为它也承担着房屋的部分重量。拆除以后，一样会破坏房屋结构。完全作为隔墙的轻体墙、空心板可拆。这种墙完全不承担任何压力，存在的价值就是隔开空间，拆了不会对房屋的结构造成任何影响。

这种情况也应视具体的位置与整体结构而定。一般情况，轻体墙与剪力墙共同支撑一条横梁，则这块区域的轻体墙是可以拆除的，因为主要的重力都落在了承重墙上，不与轻体墙发生关系。但拆除时，注意不可连承重墙一并拆除，其后果有很大的危害。

043 不可拆改房屋内的梁柱

梁柱是用来支撑上层楼板的，拆除或改造就会造成上层楼板下落，相当危险，所以梁柱绝不能拆除或改造。墙体中的钢筋也不能动。在埋设管线时，如将钢筋破坏，就会影响墙体和楼板的承受力。

梁柱的内部分布着钢筋，因此在拆除时很容易分辨出哪个是梁柱，哪个是可拆除的轻体墙。

044 连接阳台的墙体拆除应小心

有的业主为了改善房间的采光，把连接阳台的部分墙体拆除，增加阳台门口的宽度，这是不允许的。因为房子的外墙通常都是承重墙，即使在上面凿洞开窗也非常危险。

有的房间与阳台之间的墙上，原本开设有一窗一门，这些门窗都可以拆除，但是窗户下面的墙体不能拆除。窗户下面的这段墙称为“配重墙”，它起着挑起阳台的作用。如果拆除这堵墙，会使阳台的承重力下降，导致阳台下坠。

045 墙体拆除时的具体步骤

① 确定拆墙尺寸：局部拆墙首先确定尺寸，书柜的尺寸被定为 1.2m，在不打墙之前为 1m，需扩充 20cm。其他的部位可根据实际尺寸在墙面画出来，方便接下来的施工。

② 拆墙先中、后上、最底：敲打墙面时，先从中部开始，拆墙最先拆中部这样不易把砖块锤散，可以在补墙的时候继续使用。正确的方式应该带有防护眼镜，锤墙的时候会散落许多细小的砂石，易溅进眼睛内。

③ 敲墙取砖：斧头的背面可以当作小锤使用，在敲打的时候将铁钉对准砖块中的水泥缝隙，配合大号铁钉一起将砖块完整地敲下来方便二次使用。同样从中间开始，砖块松动后用铁钉撬开即可快速取砖。

拆墙的过程中会看到玻纤网格布，通常被用在马赛克、增强水泥制品上，具有质轻、高强、耐温、耐碱、防水、耐腐蚀、抗龟裂、尺寸稳定等特点。能有效避免抹灰层整体表面张力收缩以及外力引起的开裂，轻薄的网格布经常用于墙面翻新和内墙保温。

046 窗的拆除流程

① 先拆窗扇：应先用螺丝刀和手锤等工具将窗扇先卸下来，拆卸过程中，要一人拆卸，一人负责窗的稳定。窗扇拆除后要轻放，严禁高空推倒。

② 拆窗框架：窗扇拆卸下来后，就可以拆除窗框架了。一般首先需要用刀片把窗框内侧的密封胶等切开，窗如果是采用膨胀螺栓与墙体连接的，可直接用螺丝刀把膨胀螺栓取下；如果膨胀螺栓生锈，则可用冲击钻将其打碎；而如果是采用连接片连接的则直接使用冲击钻即可；如果窗框难以取下，则需用钢锯将靠墙的框从中部锯开取下。

③修复窗的洞口：门窗拆卸时，可能对门窗洞口造成一定的损坏，如果不进行处理，就不利于新门窗的安装。因此，门窗拆卸完之后，需要

复核洞口尺寸是否正确、是否做了横平竖直，对不符合要求的洞口进行处理。

窗拆除时，需要避免用大锤猛砸拆除的情况，防止对墙体结构造成破坏。如果对原有建筑墙体造成破坏，还需要进行修复，会大大增加施工成本。

047 木门的拆除流程

① 拆门扇。用螺丝刀把铰链处的螺钉拆下来。（如果安装的时候工人是用电钻打进去的而且已经把螺钉的花刀那里打坏就不能用了，只能费力地起下来）

② 拆口线。不同的门套结构也不太相同。如果有扣墙上的口线条的话，就先把这个口线条拆下来。

③ 拆门档线。门套大板子上会有一条突起的线条，是挡着门用的，把这个拆下来，看一下档线条下面有没有钉眼，如果有的话就把钉子拆下来，如果没有就更容易些。

④ 拆套板。套板的材质有很多种，如果是薄密度板的就好拆了，直接撬下来就可以，如果是厚密度板而且用发泡胶粘过的，那么就麻烦点，一点点抠下来。

048 防盗门的拆除方法

普通防盗门是由六条膨胀螺栓固定的，在门框上有圆形安装孔，用盖子盖住，只要取下盖子，就可看见螺钉，可用套筒扳手将螺钉拆下（一般 17mm 的较多），取下螺钉后，用直径不超过 12mm 的钢筋把剩下的螺丝杆顶住，然后拿锤子向里砸，直到螺丝杆进到墙里面门框即可卸下来。（只砸门的一侧就可以了，另一侧可直接脱出）

049 推拉门拆除的先后顺序

步骤	内　容
一	悬挂式推拉吊门先装轨道盒再贴砖，外露式轨道盒与砖交接处不好处理，给施工带来一定的难度。由于轨道承受了一定的压力，砖也受力，时间一久，容易导致轨道旁的砖开裂。另外，如果在厨房卫生间等空间内，轨道盒处容易藏污纳垢，油烟积灰等落在上面，给打扫卫生带来麻烦
二	先去掉门上侧面的固定螺母，然后把门锁方向，向上提 3cm 左右让滑轮脱离轨道，然后倾斜。用其他工具挑一下滑轨的固定螺杆。如今大多数门或门洞的高度是 1.95~2.15m。经验表明，当门的高度低于 1.95m 时，不管人的身高是多少，都会感觉很压抑，不舒服。因此，在做推拉门时，高度要为 195~207cm，有足够空间做轨道盒才可以考虑做推拉门。否则只能是外部悬挂，即轨道盒露在外面，肯定不美观，而且时间一久，门与墙面的缝隙会变大
三	让滑轮脱离轨道，然后倾斜一下就拿出来了，不要用力太猛，在这种结构下，门是相对稳定的。如果有高于 200cm 的高度，甚至更高的情况下做推拉门，最好在面积保持不变的前提下，将门的宽度缩窄或多做几扇推拉门，保持门的稳定和使用安全

050 墙砖拆除应从下往上

敲砖应从墙体下方开始敲，从每块瓷砖的边缘开始敲。如果先敲上面的瓷砖，拆除后期地面堆积瓷砖较多，会挡住墙体下面的瓷砖，不利于拆卸。另外，敲砖过程中，要及时对地面的瓷砖进行清理，以免瓷砖过多堆积，减慢施工进度或造成施工意外。

051 卫浴间瓷砖拆除时应保留防水层

旧的防水层一般都不必打掉，在敲砖后，在原有的防水层上面，再薄薄地做一层防水，以提高卫浴的防水能力。但如果业主需要把防水敲掉重新再做，则敲砖需要打到坯土层或打到见底。.敲插座和水龙头附近的瓷砖时，要慢慢敲，小心地摸清电线和水管的走向，以防损坏电线和水管。如果电线或水管已经损坏了，就要及时进行修补处理，以免造成更多后续工程。

052 地砖拆除从门口开始

拆除地面砖最容易的方法是，先想办法撬开大门口的那块地砖，因为那块砖是有一边露在外面的，比较容易撬开。再用扁的凿子一片片地往里撬，如果水泥砂浆做得不是特别牢的话，可以用锤子把扁凿敲进地砖和水泥地面中间的缝隙里的，那样就能把地砖整块的撬起来。这样的方法比用锤子从正面敲碎地砖要容易得多。如果顺利的话，可能全部能够撬起来。如果有一小部分撬不起来的。再用锤子敲碎就行了。

如果原有地砖已经有局部损坏、较多空鼓或脱落、表面釉质已经磨损，或严重脏污时则必须拆除更换，一般情况下简单修补效果不好。如果只考虑更换几块地砖，难度较大，因为时隔多年后几乎不可能配到颜色、型号和款式一致的地砖。

053 复合地板的拆除技巧

复合木地板拆除工艺比较简单，清除房间的家具后，使用平口螺丝刀将踢脚线撬开，再沿着踢脚线边缘将墙角的地板撬开并拆除，这块地板可能会破损，其他地板就可以完整拆除了，带有锁扣结构的复合木地板要顺应地板的长边抽出，会比较轻松。

拆除后的复合木地板没有保留价值，一般都要清运出场，最后将铺在地板下的防潮毡揭开，底层可能会潮湿，这时要开窗通风，待地面完全干燥后再铺设新地板。

054 实木地板的拆除技巧

实木地板的拆除工艺比较复杂，拆除踢脚线后仍从墙角边缘开始，使用起钉锤将木地板撬起抽出，由于实木地板安装在木龙骨上，撬起时会有一定的弹性，施工难度较大，但是不能使用切割机，因为切割机容易破坏地面和固定木龙骨的膨胀螺栓而产生火花。

实木地板拆除时尽量保持地板的完整性，目前，很多大城市都有专业回收实木地板的企业，旧地板能加工制作成新的木质板材或纸张，这也能为业主带来一定的收益，降低装修成本。

055 小面积拆除木地板后不应涂刷油漆

如果原有的实木地板保持得较好，也可以考虑不拆除，对松散的部位进行加固或调整即可。但是一般不要考虑在原地板上重新油漆，因为新油漆和原地板上的油漆品种难以匹配，可能会发生化学反应，轻则损坏漆面，严重的会污损地板板材，造成地板不能使用。如果使用脱漆剂将原来的油漆脱掉再重新油漆，施工成本相对较高，并且很难保持地板的原貌，而且手工涂刷也很难保证油漆质量和效果。

实木地板最好的翻新方法就是打磨，聘请专业的地板打磨施工员上门操作，他们会携带专用的地板打磨机对原有木地板加工，打磨平整后再涂饰地板漆。

056 PVC 方块地板的拆除方法

PVC 方块地板，即 PVC 方块胶地板，所有的地板块，都是粘到地面上的，所以，如果是自粘型，下面的胶不是非常黏的那种，在拆除的时候，可以直接用撬棍先起下一块，然后依次将其他地板块揭下来即可，但揭的过程中，一定要注意力量，用力过度或用力太猛太急，会将地板块折断或折弯。

057 墙面衣柜的拆除方法

如果是用气钉钉上去的就特别麻烦，应先将衣柜的门和隔板取下来，有抽屉的也要先取下，然后再将后背板起出来。如果当初气钉钉得多，那就要花许多时间才能起出来，起下来的衣柜基本上也会受到损坏。如果当时是用螺钉和钉子固定的，则只需要将螺钉和钉子起出来就可以了。最容易拆的就是用吊柜吊码装好的衣柜了，直接往上一顶，就可以整体取下来。

058 方便的衣柜柜门拆除方法

如果是有铰链的那种就要拆螺钉，将螺钉逐个卸掉，然后柜门就拆卸下来了；如果是左右滑动的那种，直接把门往上抬，然后门下部往衣柜里面推，就可以拆下来。

如果是移门的衣柜，那么柜门拆卸下来是可以再利用的。只要保存完好就可以。

059 防水石膏板的拆除方法

有的厨房中会使用防水石膏板作为吊顶的材料，由于防水石膏板在长期使用中表面出现了脱落的现象，或因油烟导致防水石膏板的表面产生一定的污渍并且不易于清洗的状况下，就需要将其拆除重新装修。由于防水石膏板是由轻钢龙骨结合制作而成，需要注意不要碰到轻钢龙骨，此外石膏板之间的缝隙是用石膏加嵌缝带处理的，而在外层又涂上了腻子和油漆，所以在拆卸的时候注意不要松动了龙骨，以免下次装修时出现问题。

060 铝扣板吊顶的拆除方法

现在的家庭中厨房的吊顶采用铝扣板的很多，铝扣板基本上是一个个的正方形，尺寸为 30cm × 30cm，如果想自己动手操作拆卸，可以先去买一个吸盘，用吸盘用力地吸住正方形的一个角，然后再用力的一拉铝扣板的一角就会翘起来，其他的三个角用同样的方法操作就可以将铝扣板拆卸下来，这样的方式可以有效地节省拆卸的人工费。

061 PVC 板吊顶的拆除方法

首先观察 PVC 吊顶扣板的边角接缝处有没有打上玻璃胶，如果打了玻璃胶，则只要使用美工刀将其割开，再用螺丝刀在扣板夹缝中左右摆动使 PVC 扣板松动，最后轻轻推动扣板，稍微用力扣板就拆下来了。

062 吊顶拆除时的注意事项

① 原有吊顶装饰物拆除时，应注意尽量拆除干净，不保留原吊顶装饰结构。尤其是原吊顶内的吊杆、挂件等承载吊顶重量的结构必须拆除，这主要是从以后的安全考虑的。

② 拆除时要先切断电源，将原有的吊顶内电路管线尽量拆除，不用考虑继续使用，因为原吊顶内电路已经基本没有利用价值。

③ 拆除时要考虑原吊顶内的设备和设施的安全，很多 20 世纪的老房吊顶内都有暖气管路，还有一些住宅是中央空调系统，要避免因拆除时大意而损坏管线和设备。厨房和卫生间拆除原吊顶时要避免损坏通风道和烟道。

063 墙面涂料铲除的工艺流程

安全防护→松动、空鼓、起翘部位检查→松动、空鼓、起翘部位铲除→整体墙面铲除→门窗洞口、阴阳角等细部铲除→空鼓砂浆基层检查→基层空鼓砂浆铲除→墙面清洗→基层固化刷 801 胶水泥浆→水泥砂浆找补→基层空鼓部位抹面。

064 墙面涂料铲除的工艺要点

① 整体装饰面层拆除采用便携式电动锤凿除和人工手铲钎相结合。

② 装饰面层总体铲除前，先检查墙面已松动、空鼓、起翘部位，局部人

工凿除排除安全隐患。

③ 装饰面砖务必铲除干净。

④ 装饰面砖铲除后对基层砂浆仔细敲打检查，空鼓基层砂浆务必铲除干净。

⑤ 铲除后墙面基层刷毛清洗。

⑥ 为保证铲除后的墙面基层结实，无沙粒松动状况，基层涂刷 801 胶水泥浆固化。

⑦ 水泥砂浆找补基层空鼓部位抹面。

065 局部乳胶漆的铲除与找补办法

① 先用洗洁精把脏的部位擦掉，然后用清水把脏的部位包括周围都一起擦洗，这样可以保证擦过的部位不会和原来的漆面有明显的色差。若还有痕迹，可以去文具店买块“高级绘画橡皮”（半透明的那种），擦几下就干净了。

② 拿细砂纸打磨脏的地方，擦的地方轻点，原来脏的着重打磨。如果是带颜色的乳胶漆，则打磨时更要注意力度，防止打磨过重露底。

这两种方法都比较适合墙面乳胶漆脏乱时进行局部清理。如儿童房、卧室、客厅等空间便十分适合这种方法。相反的，厨房与卫生间等阴暗潮湿的地方则不适合这种方法。

066 边角脱落壁纸的铲除方法

对已经脱落的壁纸，可从翘起的边角处轻轻撕开，难以揭下的部分，可用蘸水的海绵或毛巾擦拭，如果是墙布，湿后即可揭下。如果是塑料成分较多的壁纸，在擦过水后还需用热吹风机吹一遍，以使胶软化，再用手撕就比较容易揭下。

067 剖切和浸润法铲除壁纸

步骤	内容
一	用美工刀、剃刀片或墙纸刮刀沿水平方向将旧墙纸割开，每条切缝的间隔为 20~25cm
二	涂抹清水或墙纸剥除剂，等待数分钟，令其将墙纸完全浸透
三	在下一个墙纸带上重复相同的处理，然后回到第一条纸带，再用制剂从上到下重新将其浸湿
四	用约 8.9cm 宽、带可动刀片的多用刮墙刀开始剥除墙纸。从切好的一条水平墙纸带开始，将刀片放在其上缘的下面，并且刮刀要与水平面呈 30° 角，滑动刀片将润湿的墙纸刮下。一条与刮刀同宽的墙纸会随着刀刃脱落，并随着刀片向下推动而卷在刮刀上
五	继续向下推，直到墙纸不能再被剥落为止。如刮下来的墙纸带断裂，可将这一区域重新浸润，然后开始刮除另一条纸带

068 蒸汽法铲除壁纸

步骤	内容
一	水热了以后，将蒸汽板按在墙壁上，直到蒸汽板边缘的墙纸由于受潮而变暗为止，从一条纸带开始，从上往下逐渐剥离墙纸
二	对半条纸带进行蒸汽处理后，用指甲或美工刀将这条墙纸顶端的一角拉起，撕下墙纸。如不能将墙纸揭下来，可用墙面刮刀刮除。您可能要对相同的区域蒸两次或三次，以松动墙纸后面年月较长的黏合剂

069 利用酒精铲除墙面壁纸

对于防水的涂料来说，用酒精清洗墙面壁纸胶水并不会对墙壁造成多大伤害，酒精的挥发作用反而能最大限度地减少清洁对墙体的伤害。但有一点要注意的是，酒精的浓度千万不要过高，不然的话挥发性过大，容易让白色的墙壁变成黄色或者黑色，影响墙壁美观。

070 利用盐铲除墙面壁纸

这种方法用到了物理上的摩擦。但因为盐是白色的晶体，所以不用担心摩擦给墙体带来异样颜色。在摩擦的过程中，可以用白色的纱布或者能够包得住盐的布料，包一小包盐，轻轻摩擦，慢慢就会发现墙壁纸残留下的胶水正慢慢消失，壁纸也就很容易被铲除下来了。

PART 3

电路工程

作为房屋装修隐蔽工程的一部分，电路工程涉及电线、穿线管、墙体开槽等问题，都是关系到施工质量能否达标的关键。墙体开槽无论是在哪一处空间、哪一个位置，都需要保证横平竖直，不可偷工减料而斜向开槽。不达标的施工会影响后期墙面装饰画悬挂等问题，还会破坏穿线管及电线。

071 电路施工所需要的材料

材料	说　明
电线	① 为了防火、维修及安全，最好选用有长城标志的“国标”塑料或橡胶绝缘保护层的单股铜芯电线。 ② 线材截面积一般是：照明用线选用 $1.5mm^2$，插座用线选用 $2.5mm^2$，空调用线不得小于 $4mm^2$，接地线选用绿黄双色线，接开关线（相线）可以用红、白、黑、紫等任何一种，但颜色用途必须一致。
穿线管	① 电路施工涉及空间的定位，所以还要开槽，会使用到穿线管。 ② 严禁将导线直接埋入抹灰层，导线在线管中严禁有接头。 ③ 对使用的线管（PVC 阻燃管）进行严格检查，其管壁表面应光滑，壁厚要求达到手指用力捏不破的强度，而且应有合格证书。 ④ 可以用符合国标的专用镀锌管做穿线管。国家标准规定应使用管壁厚度为 1.2mm 的电线管，要求管中电线的总截面积不能超过管内截面积的 40%。例如：直径 20mm 的 PVC 电管只能穿 $1.5mm^2$ 导线 5 根，$2.5mm^2$ 导线 4 根
开关面板、插座	① 面板的尺寸应与预埋的接线盒的尺寸一致。 ② 表面光洁、品牌标志明显，应有防伪标志和国家电工安全认证的长城标志。 ③ 开关开启时手感舒适，开关灵活，插座稳固，铜片要有一定的厚度。 ④ 面板的材料应有阻燃性和坚固性。 ⑤ 开关高度一般 1200~1350mm，距离门框门沿为 150~200mm，插座高度一般为 200~300mm

072 电路施工流程

电路施工是重要的隐蔽工程之一，在施工中，电路施工的工序比较复杂，很容易出现安全隐患，因此电路改造施工过程必须严格按规范进行。具体的施工流程如下：

画线 → 定位 → 开槽 → 预埋 → 穿线 → 安装 → 检测 → 备案

073 电路施工前画草拟布线图

设计布线时，执行强电走上、弱电在下、横平竖直、避免交叉、美观实用的原则。草拟布线图能够更加清晰地看出电路的布线情况，从而了解布线的方式、布线的注意事项以及布线的规则。

074 强弱电布线应分开

强电与弱电的走线尽量分开一定距离，间距不要低于 30cm。最好是同一平面相距 50cm，如果出现特殊情况需要交叉重叠，最好使用铝箔把交叉部位缠好，防止干扰。弱电的材料尽量自己购买，尽量选择质量好的线材，隐蔽工程无论你花多少钱都是值得的。

075 地面电线分布尽量保持直线

两点间直线距离最近，只要这条线能直着接通的，就尽量不要出现弯头。这也是许多业主最关心的问题，因为总是不理解所谓的直线，并不是那种传统意义上的横平竖直，而是这条线通过的目的，如果是从 A 点为了给 B 点供电，那么 AB 两点之间，非特殊情况绝不允许有任何的弯头出现。

我们的电路改造只要容量够用就可以了，不一定要追求粗电线，因为分电线的负载与主线的负载是相关联的，盲目地追求粗电线并不一定是好事。

076 电线分布在地面，而不是顶面的原因

其实现在大家公认的走线方式都是水从天，电走地。但是我们要理解，这么设计的初衷是因为水路相对于电路比较容易出现问题，并且如果水路走房顶出现问题以后相对容易维修，并且发现会很及时。而电路走地面是因为我们的家装施工要么会进行地面找平，要么会贴瓷砖，这些工程都会适当地增加地面的厚度，而增加的这个厚度刚好可以盖住线管的厚度，为了美观我们采用了电路走地的方式。

为了把水路与电路分开才进行的硬性区分，但是对于厨房与卫生间来说，这两个空间都有吊顶，所以一般情况下我们都在这两个空间把水电同时改造到吊顶之上。

077 根据特定情况选择穿线软管

一般在线路汇聚的地方和穿墙的时候会使用到软管。因为吊顶石膏线为平贴素线，所以在墙脚部分的线要使用软管，防止后期石膏线无法铺贴，这也是逆向施工的好处。在后期要实现的效果都已经想好的情况

下，前期施工就尽量为后面的设计让步，防止造成不必要的麻烦。但是某些地方却是一定要使用软管的，比如露在墙外的灯线，就要使用软管包好。

078 缠绕电线接头的圈数

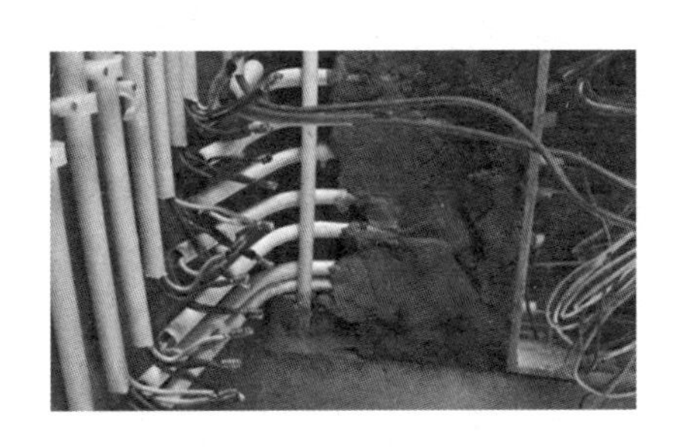

这就是鸡爪式处理接头的方法，当几股电线需要做接头的时候所采用的缠绕法必须不少于 5 圈，然后使用防水胶带至少缠绕 3 层，用绝缘胶带至少缠绕 3 层。即使是过线盒里的接头，也必须这样操作。

079 电路施工中的开槽方法

在电路工程施工中，开槽指的是开槽深度应一致，一般是 PVC 管直径大于 10mm。开槽时应该注意的是，槽线与顶要垂直（含钢筋承重墙除外），应先在墙面弹出控制线后，再用云石机切割墙面。

电路开槽的注意事项：
① 不宜随意在地面开槽跨接线管，避开管道区。
② 不宜随意在地面打卡固定管线，避开管道区。
③ 开暗盒遇到钢筋要避开，可上移下移甚至更改位置，禁止断筋。
④ 不能开长横槽走管：易破坏承重墙结构，轻体墙由于受力为上左右三面，断筋后依然会造成后患。
⑤ 电线管不宜走石膏线内，易造成死弯，死线。
⑥ 管径小于 25mm 的 PVC 管拐弯用弯管器，不能加弯头拐弯。
⑦ 电路拐弯尽量避免直角死弯。
⑧ 除了厨房卫生间外，电路走管线尽量走地（顶面吊顶除外），管缝较大的走管完毕用 PVC 胶黏结接口处。
⑨ 线管先布置、固定完毕，然后和钢丝穿线。

080 电路施工应统一穿电线

PVC 管安装好后，同一回路电线应穿入同一根管内，但管内总根数不应超过 8 根，电线总截面积（包括绝缘外皮）不应超过管内截面积的 40%。穿好线管后要把线槽里的管道封闭起来，用水泥砂浆把线盒等封装牢固，其合口要略低于墙面 0.5cm 左右，并保持端正。

081 电路施工中线管拐弯处要用弯头

在家庭装修过程中，有些工人在电路施工中投机取巧，或者偷工减料，在线管拐弯处不用弯头，这样施工时虽然简单便捷，但是在后期使用过程中，如果出现电线损坏的问题，就很难将原有电线抽出来进行更换，从而导致局部的二次装修，既不美观，费用又高。

082 电路施工应留意电线及插座的间距

强、弱电穿管走线的时候不能交叉，且要分开，强、弱电插座保持 50cm 以上距离。一定要穿管走线，切不可在墙上或地下开槽后明铺电线之后，用水泥封堵，给以后的故障检修带来麻烦。另外，穿管走线时电视线和电话线应与电力线分开，以免发生漏电伤人、毁物甚至着火的事故。

083 电路施工中穿线的方法

在电路施工中，穿线指的是穿入配管导线的接头应设在接线盒内。穿线时应该注意，线头要留有 150mm 余量，接头搭接应牢固，绝缘带包缠应均匀紧密。

① 在家庭装修施工中，几乎所有电线都是穿在 PVC 管中，暗埋在墙内。因此电线穿进 PVC 管后，不仅业主无法看到，而且更换比较困难。如果工人在操作中不认真，会导致电线在管内扭结，造成用电隐患。如果工人有意偷工减料，就会使用带接头的电线或将几股电线穿在同一根 PVC 管内。
② 业主最好自己购买电线，然后在现场监督工人操作，安装完毕后要进行通电检验。另外，业主一定要让装修公司留下一张“管线图”。当电工刚刚把电线埋进墙时，就可把这些墙面编上号码并画出平面图，接着用笔画出电线的走向及具体位置，注明上距楼板、下离地面及邻近墙面的方位，特别应标明管线的接头位置，这样一旦出现故障，可马上定位线路位置。

084 电路施工中电源线的配线原则

所用导线截面积应满足用电设备的最大输出功率。一般情况，照明电线截面为 $1.5mm^2$，空调挂机及插座电线为 $2.5mm^2$，柜机电线截面为 $4.0mm^2$，进户电线截面为 $10.0mm^2$。

085 开关插座安装作业条件

开关插座的安装需要满足一定的作业条件，要求在墙面刷白、油漆及壁纸等装修工作均完成后才开始。并且电路管道、接线盒均已铺设完毕，并完成绝缘遥测。作业时保证天气晴朗，房屋通风干燥，切断电箱电源。

开关插座安装应在木工、油漆工之后进行，久置的底盒难免堆积大量灰尘。在安装时先对开关插座底盒进行清洁，特别要将盒内的灰尘杂质清理干净，并用湿布将盒内残存灰尘擦除。这样做可预防特殊杂质影响电路使用。

086 电路施工中插座的安装方法

安装电源插座时，面向插座的左侧应接零线（N），右侧应接相线（L），中间上方应接保护地线（PE）。保护地线为截面积为 2.5mm^2 的双色软线。

087 电路施工中浴霸开关接线的方法

浴霸一般是有三个开关的，其中两个控制取暖灯，另一个控制照明灯。从外观上检查是无法保证开关接线的正确与否，弄不好就会烧线路，所以为了安全省心一点，需要将其打开。另外，不同品牌的浴霸开关接线是不一样的，有些品牌在浴霸开关接线时将灯取下后才能拆开。如果浴霸接线错误的话一般会出现以下一些问题，一打开就是照明模块，并且取暖模块，排风模块也会一起打开。一般来说，浴霸开关的供电线路有3条。

概述	种　类
地线	黄绿相间的那条，在插座上位于上方，接在浴霸的外壳
零线	大多数情况是蓝色或者黑色，在插座上位于下左方，连通接在了 5 个灯头的螺口接柱上
相线	大多数情况下是红色，在插座上位于下右方，连通接在三个开关的一个接柱上

088 电路施工中灯具的安装注意事项

① 在灯具安装前，应先检查验收灯具，查看配件是否齐全，有玻璃的灯具玻璃是否破碎，预先确定各个灯的具体安装位置，并注明于包装盒上。

② 采用钢管做灯具吊杆时，钢管内径不应小于 10mm，管壁厚度不应小于 1.5mm。

③ 同一室内或同一场所成排安装的灯具，应先定位，后安装，其中心偏差应不大于 2mm。

④ 灯具组装必须合理、牢固，导线接头必须牢固、平整。有玻璃的灯具，固定其玻璃时，接触玻璃处须用橡皮垫子，且螺钉不能拧得过紧。

⑤ 灯具重量大于 3kg 时，应采用预埋吊钩或从屋顶用膨胀螺栓直接固定支吊架安装（不能用龙骨支架安装灯具）。从灯头箱盒引出的导线应用软管保护至灯位，避免导线裸露在平顶内。

089 电路施工中电线接头的处理方法

有些电工在安装插座、开关和灯具时，不按施工要求接线，把接头接到墙内或管内，这样如果以后这条线因接头接触不良或是电流过大烧坏接头时，维修就会很麻烦。一般来说，在家装中墙内是不应有接头的，特别是在线管内更不能有接头，如果有接头也应该是在电线盒内，这样才能保证电线接头不发生打火、短路和接触不良的现象。

090 电路施工中电线的安装方法

连接开关、螺口灯具导线时，相线应先接开关，开关引出的相线应接在灯具中心的端子上，零线应接在螺纹的端子上。

电线应选用铜质绝缘电线或铜质塑料绝缘护套线，保险丝要使用铅丝，严禁使用铝芯电线或使用铜丝做保险丝。施工时要使用三种不同颜色外皮的塑质铜芯导线，以便区分火线、零线和接地保护线，切记不可图省事用一种或两种颜色的电线完成整个工程。

091 电路施工中设置强弱电箱

配电箱内应设动作电流为 30mA 的漏电保护器，分数路经过控制开关后，分别控制照明，空调，插座等。控制开关的工作电流应与终端电器的最大工作电流相匹配，一般情况下，照明为 10A，插座为 16A，柜式空调为 20A，进户为 40~60A。

092 电路施工中各项插座的离地距离

插　座	标准距离
电源开关	离地面一般在 1200mm~1350mm（一般开关高度是和成人的肩膀一样高）
视听设备、台灯、接线板等墙上插座	一般距地面 300mm（客厅插座根据电视柜和沙发而定）
洗衣机	距地面 1200mm~1500mm
冰箱	距地面 1500mm~1800mm
空调、排气扇	距地面为 1900mm~2000mm
厨房功能插座	距地面为 1100mm
欧式脱排吸油烟机	一般适宜纵坐标定在离地 2200mm，横坐标可定吸油烟机本身左右长度的中间，这样不会使电源插头和脱排背墙部分相碰，插座位于脱排管道中央

093 插座安装位置注意事项

在厨房安装插座时，应注意插座必须远离灶台，以防热量损坏插座；而在浴室、阳台等近水处，则应注意插座安装得不能过低，并且应该配用防溅盖；在特别潮湿、有易燃、易爆气体或粉尘的场所不应装配任何插座。

094 电路施工中检测的注意事项

在电路施工中，通电检测指的是检查电路是否通顺。在检测电路的时候，引线要合理，注意电路的绝缘性，也要注意可能会发生的短路现象，另外，重要的一点是不能忽略检测弱电。

095 电路施工中备案的方法

在电路施工中，备案是指要在完成电路布线图时，对电路施工方案进行合理的保存，以便业主日后维修使用。业主需要对电路图格外重视，如果在之后的生活中需要进行二次装修，有电路布线图则会为二次施工减少许多不必要的麻烦。

096 电路施工时电线的选用原则

电线应选用铜质绝缘电线或铜质塑料绝缘护套线，保险丝要使用铅锑合金，严禁使用铅芯电线或使用铜丝做保险丝。施工时要使用三种不同颜色外皮的塑质铜芯导线，以便区分相线、零线和接地保护线。切记不可图省事用一种或两种颜色的电线完成整个工程。

097 电路施工时插座的安装方法

强电与弱电插座保持 50cm，强电与弱电要分线穿管。明装插座距地面高度一般在 1.5~1.8m；暗装插座距地面不低于 0.3m，为防止儿童触电、用手指触摸或金属物插捅电源的孔眼，一定要选用带有保险挡片的安全插座。

098 电路施工时穿线管的注意事项

电路施工涉及空间的定位，所以需要开槽，会使用到穿线管。严禁将导线直接埋入抹灰层，导线在线管中严禁有接头，同时对使用的线管（PVC 阻燃管）进行严格检查，其管壁表面应光滑，壁厚要达到手指用力捏不破的强度，而且应有合格证书。也可以用符合国标的专用镀锌管做穿线管。国家标准规定应使用管壁厚度为 1.2mm 的电线管，要求管中电线的总截面积不能超过塑料管内截面积的 40%。例如：直径 20mm 的 PVC 电管只能穿 1.5mm 导线 5 根，2.5mm 导线 4 根。

099 电路施工时单项三眼插座的接线要求

最上端的接地孔眼一定要与接地线接牢、接实、接对，决不能不接。余下的两孔眼按“左零右火”的规则接线，值得注意的是零线与保护接地线切不可错接或接为一体；电冰箱应使用独立的、带有保护接地的三眼插座。

100 电路施工时电线的接头一定要刷锡

有的工人把线一接好，缠上绝缘胶布就放在盒子里了。正规的走线步骤是：线头的对接要缠 7 圈半，然后刷锡、缠防水胶布、再缠绝缘胶布才可以。现在好多工人都是缠上绝缘胶布就算了，有的甚至连绝缘胶布都不用，而是用防水胶布一缠了事，这些都是偷工减料行为。

101 电路施工结束后应进行绝缘电阻测试

电路施工结束后，应分别对每一回路的火与零、火与地、地与零之间进行绝缘电阻测试，绝缘电阻值应不小于 0.5MΩ。如有多个回路在同一管内敷设，则同一管内线与线之间必须进行绝缘测试。绝缘测试后应对各用电点（灯、插座）进行通电试验。最后在各回路的最远点进行漏电保护器试跳试验。

102 旧房电路改造时应注意的问题

① 旧房不能任意接线。为了节约装修费用，原有的线路能用的可以不拆除，但新增加的电源插座和照明电路最好是从配电箱单独走线，因为原来所有的电路在安装时，是按照每个电路支路的用电负荷计算电流并分配的，任意接线或在原电路上增加插座和照明器具是会造成单个电路负荷过大，容易引起跳闸或烧坏电源总闸，严重的甚至会引起火灾。

② 旧房不能大量使用移动插座。新的国家标准规定，民用住宅中固定插座数量不应少于 12 个，但目前仍有不少的二手房原有的插座数量达不到这个标准，如果大量使用移动插座，当电流增大时，移动插座就会因接触不良而产生异常的高温，为触电和电器火灾事故埋下隐患。

③ 旧房改造记录要做好。再次装修时肯定会打乱之前的电路布局。装修过程中，一定要注意用照片和图纸的方式留下改动记录，保证以后需要整改和维修的时候，能让专业人员知道线路的排布方式。同时，这也关系到以后在墙地面加钉子是否会打穿水电线路的问题，所以不能忽略。

103 开关、插座所需的安装材料

安装材料	内　容
各类型开关、插座	规格型号必须符合设计要求，并有产品合格证
塑料（台）板	① 应具有足够的强度。 ② 塑料（台）板应平整，无弯翘变形等现象。 ③ 有产品合格证

续表

安装材料	内　容
木制（台）板	① 厚度应符合设计要求和施工验收规范的规定。 ② 板面应平整，无劈裂和弯翘变形现象，油漆层完好无脱落
其他材料	金属膨胀螺栓、塑料胀管、镀锌木螺钉、镀锌机螺钉、木砖等

104 开关、插座的安装流程

“开关、插座”就是安装在墙壁上使用的电器开关与插座，是用来接通和断开电路使用的家用电器，有时可以为了美观而使其具有装饰的功能。具体的安装流程如下：

清理 → 接线 → 安装 → 通电试运行

105 开关、插座安装时的清理方法

开关、插座安装中的清理是指用錾子轻轻地将盒子内残存的灰块剔掉，同时将其他杂物一并清出盒外，再用湿布将盒内灰尘擦净。如果导线上有污物也应一起清理干净。

开关、插座的接线方法

先将盒式内甩出的导线留出维修长度（15~20cm）削去绝缘层，注意不要碰伤线芯，如开关、插座内为接线柱，将线芯导线按顺时针方向盘绕在开关、插座对应的接线柱上，然后旋紧压头。如开关、插座内为接线端子，将线芯折回头插入接线端子内（孔径允许压双线时），再用顶丝将其压紧，注意线芯不得外露。

开关接线注意事项：

同一场所的开关切断位置一致，且操作灵活，接点接触可靠。电器、灯具的相线应经开关控制。开关接线时，应将盒内导线理顺，依次接线后，将导线盘成圆圈，放置于开关盒内。多联开关不允许拱头连接，应采用 LC 型压接帽压接总头后，再进行分支连接。

107 开关、插座的安装技巧

① 开关插座不能装在瓷砖的花片和腰线上。

② 开关插座底盒在瓷砖开孔时，边框不能比底盒大 2mm 以上，也不能开成圆孔。为保证以后安装开关、插座，底盒边应尽量与瓷砖相平，这样以后安装时就不需另找比较长的螺钉。

③ 装开关插座的位置不能有两块以上的瓷砖被破坏，并且尽量使其安装在瓷砖正中间。

④ 装龙头处开孔必须开成圆孔，不能开成方孔，而且也不能开成“U”型，再在 U 形孔中补一块，开孔的大小不能超过管径的 2mm 以上，并且出水口边也须与瓷砖平齐。

⑤ 插座安装时，明装插座距地面高度一般在 1.5~1.8m。

⑥ 暗装插座距地面不低于 0.3m，为防止儿童触电、用手指触摸或金属物插捅电源的孔眼，一定要选用带有保险挡片的安全插座。

108 开关、插座安装时通电试运行的方法

① 开关、插座安装完毕，送电试运行前再摇测一次线路的绝缘电阻并做好记录。

② 各支路的绝缘电阻摇测合格后通电试运行，通电后仔细检查和巡视，检查漏电开关是否掉闸，插座接线是否正确。检查插座时，最好用验电器，应逐个检查。如有问题，则断电后及时进行修复，并做好记录。

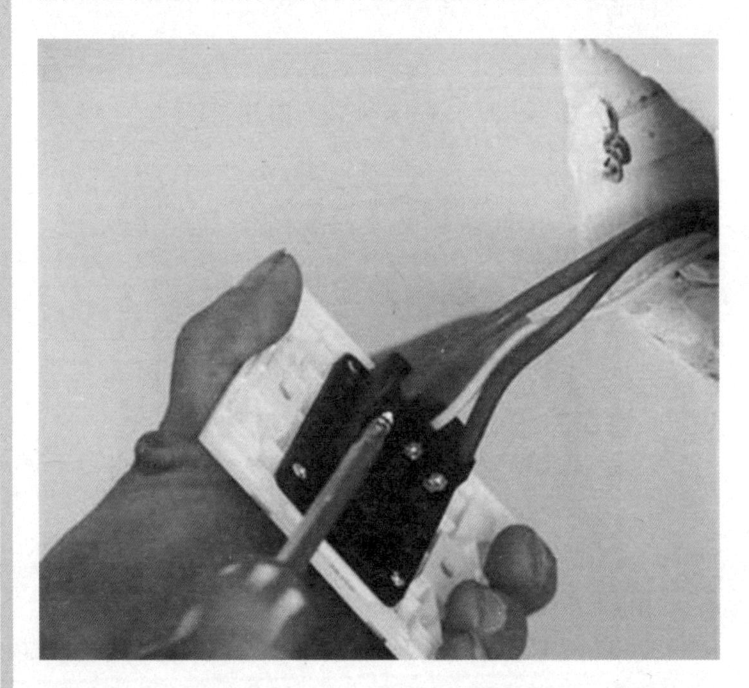

109 安装插座面板时的方法

安装面板时，将接好的导线及接线盒内的导线接头，在盒内盘好压紧，把面板扣在接线盒上，用螺钉将面板固定在盒上。固定时要注意面板应平整，不能歪斜，扣在墙面上要严密，不能有缝隙。用螺钉把下层面板固定好后，再把装饰面盖上。

110 开关安装时的注意事项

序号	内　容
一	安装在同一房间内的开关，宜采用同一系列的产品；开关位置应与灯位相对应，同一室内开关方向应一致；同一单位工程其跷板开关的开、关方向应一致，且操作灵活，接触可靠
二	拉线开关距地面的高度一般为 2~3m，距门口为 150~200mm；且拉线的出口应向下，并列安装的拉线开关的相邻间距不应小于 20mm
三	扳把开关距地面的高度为 1.4m，距门口为 150~200mm；开关不得置于单扇门后
四	暗装开关的面板应端正、严密并与墙面齐平
五	成排安装的开关高度应一致，高低差不大于 2mm
六	多尘潮湿场所和户外应选用防水瓷制拉线开关或加装保护箱
七	在易燃、易爆和特别潮湿的场所，开关应分别采用防爆型、密闭型，或安装在其他处所控制
八	明线敷设的开关应安装在不少于 15mm 厚的木台上

111 明装开关、插座的要求

序号	内　容
一	先将从盒内甩出的导线由塑料（木）台的出线孔中穿出，再将塑料（木）台紧贴于墙面用螺钉固定在盒子或木砖上
二	如果是明配线，木台上的隐线槽应先右对导线方向，再用螺钉固定牢固

续表

序号	内　　容
三	塑料（木）台固定后，将甩出的相线、中性线、保护地线按各自的位置从开关、插座的线孔中穿出，按接线要求将导线压牢
四	将开关或插座贴于塑料（木）台上，对中找正，用木螺钉固定牢。最后再把开关、插座的盖板上好

112 暗装开关、插座的要求

序号	内　　容
一	按接线要求，将盒内甩出的导线与开关、插座的面板连接好
二	将开关或插座推入盒内（如果盒子较深，则应加装套盒），对正盒眼，用螺钉固定牢固
三	固定时要使面板端正，并与墙面平齐。面板安装孔上有装饰帽的应一并装好

113 开关安装时的注意事项

序号	内　　容
一	暗装和工业用插座距地面不应低于30cm
二	在儿童活动场所应采用安全插座，采用普通插座时，其安装高度不应低于1.8m
三	同一室内安装的插座高低差不应大于5mm；成排安装的插座高低差不应大于2mm
四	暗装的插座应有专用盒，盖板应端正、严密并与墙面平
五	落地插座应有保护盖板
六	在特别潮湿和有易燃、易爆气体及粉尘的场所不应装设插座

114 开关必须串联在相线上

开关的安装宜在灯具安装后，开关必须串联在相线上；在潮湿场所应用密封或保护式插座；面板垂直度允许偏差不大于 1mm；成排安装的面板之间的缝隙不大于 1mm。另外开关安装的位置应方便使用，同一室内同一平面开关必须安排在同一水平线上并按最常用的顺序排列。

115 开关、插座安装过程中不能有裸露铜线

凡插座必须是面对面板方向左接零线，右接相线，三孔上端接地线，并且盒内不允许有裸露铜线，三相插座，保护线接上端。

在一块面板上的多个插座，有些是一体化的，只有三个接线端子，各个插座内部接线已经用边片接好；有些插座是分体的，需要用短线把各个插座并联起来。插座内相线、零线和地线要按规定位置连接，不能接错。

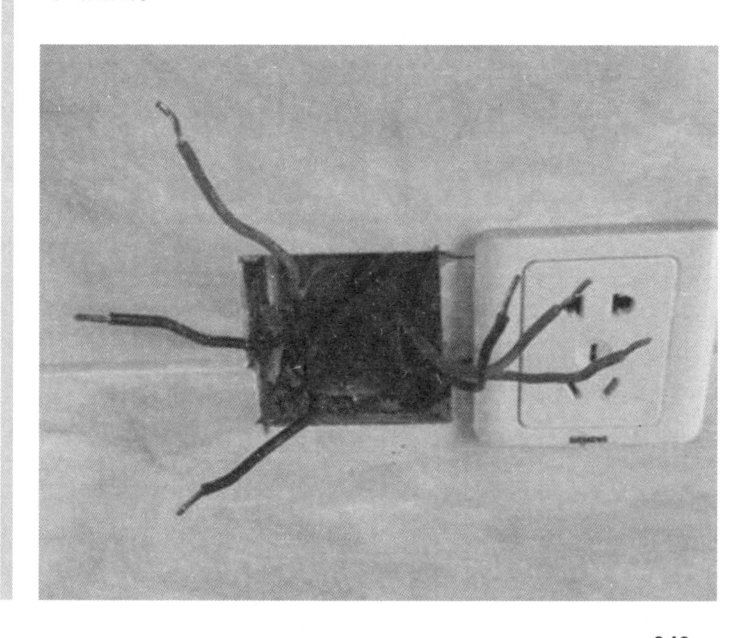

116 开关、插座安装时应注意的细节

① 开关、插座的面板不平整，与建筑物表面之间有缝隙，应调整面板后再拧紧固定螺钉，使其紧贴建筑物表面。

② 开关未断相线，插座的相线、零线及地线压接混乱，应按要求进行改正。

③ 多灯房间开关与控制灯具顺序不对应。在接线时应仔细分清各路灯具的导线，依次压接，并保证开关方向一致。

④ 固定面板的螺钉不统一（有一字和十字螺钉）。为了美观，应选用统一的螺钉。

⑤ 同一房间的开关、插座的安装高度差超出允许偏差范围，应及时更正。

⑥ 铁管进盒护口脱落或遗漏。安装开关、插座接线时，应注意把护口带好。

⑦ 开关、插座面板已经上好，但盒子过深（大于 2.5cm），未加套盒处理，应及时补上。

⑧ 开关、插销箱内拱头接线，应改为鸡爪接导线总头，再分支导线接各开关或插座端头。或者采用 LC 安全型压线帽压接总头后，再分支进行导线连接。

墙壁开关安装的具体的接法：墙壁开关有 3 个接孔，先假设为 1、2、3 孔（绿线先不管），把两根红线分别接在 1、2 或 1、3 或 2、3 的孔上，这三种接法看一下哪种能控制日灯光，假设 1、2 能控制日光灯，那么在 3 孔上接上绿线就可以。如果关闭日光灯，灯开关的指示灯不亮，那么把两根红线互换位置就可以。

PART 4

水路工程

与电路工程一样同属于隐蔽工程，但与电路工程不同的是，水路工程用到的材料种类更多。不仅需要布置给水管道，还需要布置排水管道。其中排水管道铺设时，还需保持一定的坡度，以保证水流可以顺利地流淌。同时，给水管则更多地分布在吊顶内部，这样做的好处在于方便维修。因此，掌握水路施工时的技巧是至关重要的，其直接地影响后面施工项目的顺利进行。

117 水路施工前需要做的准备

序号	内　　容
一	确认已收房验收完毕
二	到物业办理装修手续
三	在空房内模拟一下今后的日常生活状态，与施工方确定基本装修方案，确定墙体有无变动，家具和电器摆放的位置
四	确认楼上住户卫浴间已做过闭水实验
五	确定橱柜安装方案中清洗池上下出水口位置
六	确定卫浴间面盆、坐便器、淋浴区（包括花洒）、洗衣机位置，是否安放浴缸、墩布池，提前确定浴缸和坐便器的规格

118 水路施工避免使用过时管材

水路施工中，目前一般都采用PP-R管代替原有过时的管材，如铸铁、PVC等。铸铁管由于会产生锈蚀问题，使用一段时间后，容易影响水质，同时管材也容易因锈蚀而损坏。PVC这一材料的化学名称是聚氯乙烯，其中含氯的成分，对健康也不好，PVC管现在已经被明令禁止作为给水管使用，尤其是热水更不能使用。如果原有水路采用的是PVC管，应该全部更换。

TIPS

安装管材时应注意，管材与管件连接端面必须清洁、干燥、无油。去除毛边和毛刺；管道安装时必须按不同管径的要求设置管卡或吊架，位置应正确，埋设要平整，管卡与管道接触应紧密，但不得损伤管道表面；采用金属管卡或吊架时，金属管卡与管道之间采用塑料带或橡胶等软物隔垫。

119 水路施工选用 PP-R 管材更实用

① 卫生、无毒。PP-R 管件属绿色建材，可用于纯净水、饮用水管道系统。

② 耐腐蚀、不结垢。可以有效避免因管道锈蚀引起的水盆、浴缸黄斑锈迹问题，可免除管道腐蚀结垢所引起的堵塞。

③ 耐高温、高压。耐高温、高压 PP-R 管件输送水温最高可达 95℃。

④ 保温节能。导热系数仅为金属管道的 0.5%，用于热水管道保温节能效果好。

⑤ 质量轻。PP-R 管件比重仅为金属管件的 1/7。

⑥ 外形美观。PP-R 管件内外壁光滑，流体阻力小，色泽柔和，造型相对更为美观。

⑦ 安装方便可靠。由于 PP-R 管件采用热熔连接，不仅安全可靠，更能防止后期连接处的渗漏问题。

⑧ 使用寿命长。在规定的长期连续工作压力下，PP-R 管件的寿命可达 50 年以上。

120 水路工程的施工步骤

水路施工质量的好坏对日后的生活影响非常大，因此，业主在整个施工过程中，都应该加倍注意，不要因为施工过程中的疏忽而影响到日后的生活质量。施工流程如下:

画线 → 调试 → 修补备案 → 开槽 → 安装 → 下料 → 检查 → 预埋 → 预装

121 水路工程开暗槽的方法

弹好线以后就是开暗槽，根据管路施工设计要求，在墙壁面标出穿墙设置的中心位置，用十字线标记在墙面上，用冲击钻打洞孔，洞孔中心与穿墙管道中心线吻合。

水管在墙体内要留出一定的空间，水流入管内，管路会受热膨胀，因此在开槽时就要将槽尽量开的深一些。钢筋水泥结构的墙体表面是2~3cm的水泥砂浆层，后面是1.5cm的钢筋，因为要保证开槽深度在4cm，所以在碰到钢筋时只要绕开即可。实在是碰到到钢筋不能开深槽的地方要在墙面上挂上钢丝网，避免开槽部位墙面油漆开裂。

122 水路工程开槽面的方法

用专用切割机按线路割开槽面，再用电锤开槽。需要提醒的是，有的承重墙钢筋较多较粗，不能把钢筋切断，以免影响房体结构安全，只能开浅槽或走明管，或者绕走其他墙面。

水路走线开槽应该保证暗埋的管子在墙内、地面内装修后不外露。开槽应注意要大于管径20mm，管道试压合格后墙槽应用1：3水泥砂浆填补密实。其厚度应符合下列要求：墙内冷水管不小于10mm、热水管不小于15mm，嵌入地面的管道不小于10mm。嵌入墙体、地面或暗敷的管道应作隐蔽工程验收。

123 水管开槽“走顶不走地，走竖不走横”

序号	内　容
一	因为地下有很多暗埋的管道和电线，万一破坏了原来的地下管道将非常麻烦；而且在后期装修过程中，万一电钻破坏水管，影响安全
二	水路走地不易发现，因为水是往低处流的，漏水的地方不一定先流出水，只有当水漏到楼下或“水漫金山”，才会发现漏水，但由于是暗管，也无法立刻找到漏水的地方，所以损失会相当大；走顶的话，厨房卫生间可以用铝扣板吊顶遮住，在穿墙过玄关部分我们是沿着边角走，可以用石膏线包上，不影响美观
三	当水管走顶引到卫生间时，遇到需要出水的地方，开竖槽往下，到合适的高度，预留好花洒，面盆，洗衣机等出水口。这样做的好处是，当装修完工贴砖后，可以根据出水口的位置，判断水管的走向。即所有的水管均在出水口垂直向上，从而避免水管有任何原因被破坏，而且一旦发生漏水，便于维修

124 水路施工“先弹线，后开槽”

水路施工并不是上来就开槽的，先要按照水电施工的图纸在需要开槽的墙面和地面弹好线，有需要修改的地方应及时修改，等到管路线路全部确定再在墙面开槽。墙面内的管路开槽必须横平竖直，这样有利于以后的水路改造。平行的管路距地面的距离要保持在 60~90cm，安装水龙头的管路需要与水平管道完全垂直，开槽的深度也要控制在 4cm 左右。开槽的线路的尺寸和位置需要施工负责人认真记录，方便以后安装洁具。

125 冷热水管不能同槽

水路铺设开槽是为了将管道隐藏在墙壁内，增加室内美观度。但是现在钢筋水泥的墙壁开槽十分不易，所以有些施工人员为了省事就在墙体上开个宽一点的槽，将冷热水管安装在一起。但是这种做法是非常不可取的。

专业人员曾经做过实验，将长 20m 的冷热水管安装在一起，然后在冷热水都正常循环的状况下，测试热水器端口的水温与热水管末端的水温，热水器端口水温是 80℃，而到了末端就变成 70℃了。而经过五分钟后末端温度只有 55℃。而冷热水管分开再测试时显示末端温度为 78℃。这说明冷热水管靠在一起，热水的温度损失得非常快。冷热水管开槽的间距需要根据管的直径来定，通常四分管的槽间距要达 2cm 以上。

126 卫生间水管安装注意事项

序号	内　容
一	安装前检查水管及连接配件的质量，最好设置一个总阀
二	冷热水管要分开，不要靠得太近，淋浴水管高度在 1.8~2.1m 之间
三	水管走顶不走地，出水口要水平，一般都是左热右凉，布局走向要横平竖直
四	各类阀门安装位置一定得便于使用和维修
五	水管要入墙，开槽的深度要够，冷水管和热水管不能在一个槽里
六	埋入墙体内和地面的管道，尽量不要用连接配件，以防渗漏
七	淋浴混水阀的左右位置得正确，连杆式淋浴器要根据房高并且结合个人需要来确定出水口位置
八	坐便器的进水口尽量安置在能被坐便器挡住视线的地方

续表

序号	内　容
九	墙面预留口（弯头）的高度要适当，既要方便维修，又要尽可能少让软管暴露在外面
十	水管装完后一定要做管道压力实验

127 水路施工前应注意管路施工设计要求

根据管路施工设计要求，将穿墙孔洞的中心位置用十字线标记在墙面上；用冲击钻打洞孔，洞孔中心线应与穿墙管道中心线吻合，洞孔应顺直无偏差。

128 卫生洁具安装的管道连接件应方便拆卸

管道连接件应易于拆卸，这直接影响以后的维修。台面、墙面、地面等接触部位均应采用防水密封条密封。出墙管件应先安装三角阀，然后方能接用水器。

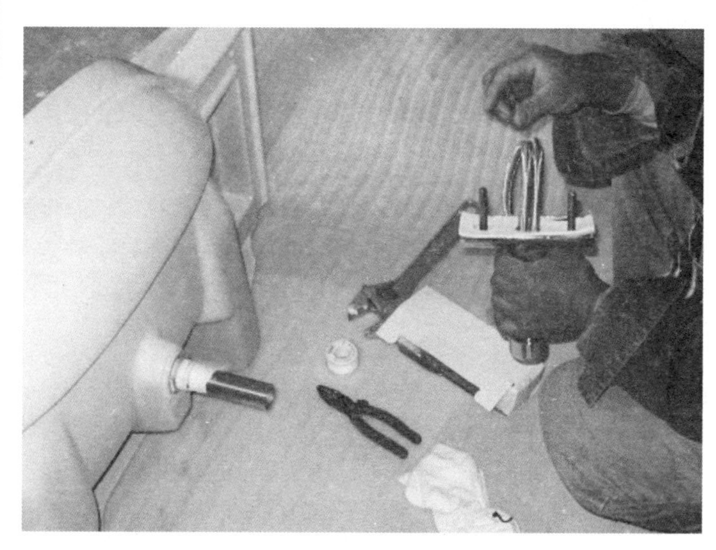

129 马桶排水管移位时需考虑密封性

马桶移位除了考虑堵塞问题，还得注意管道的密封性。特别是不同管道之间的接口位置，要多次检查是否有漏孔，确保没有泄漏，密封圈、玻璃胶等一样都不能少。

130 马桶排水管移位的方法

如果要移动位置更远一点，超出专用马桶移位器可使用范围，那么在改造管道的同时必须得抬高卫生间地面且加个存水弯，存水弯用以防止臭气回流。由于排水管的直径一般为 110mm，所以地面至少要抬高 120mm，给水泥砂浆和下水管坡度留出余地。

一般变动马桶位置 10cm 左右，用的是专用马桶移位器。由于移动位置不是很大，所以不太会发生堵塞的情况。如果要移动更远一些的距离，就没有移位器可以用了，只能对下水管道进行改造了。

131 阳台洗衣机走水管的方法

阳台如果没有洗衣机给水管的话，则要重新引一条给水管，装一个洗衣机专用的两用水龙头。排水的话，阳台一般都会有排水的地漏，直接接入地漏就行了。最好能够围绕地漏修一个浅浅的水槽，避免洗衣机水流过急漫出来。如果没有地漏，就比较麻烦，首先得在楼板位置开一个 8cm 的孔洞，安装排水 PVC 管，周边用水泥封边。另外，打这个孔，最好找专业人员施工，以免后续带来不必要的麻烦。

132 水路工程安装时要预留出水口

如果选用的坐便器、浴缸等规格比较特殊，则业主一定要向施工人员交代清楚，在施工时，提前考虑进去。有的业主在做水改时，可能会考虑后期还会增添一些东西，需要用水，可以让施工方多预留几个出水口，日后需要用时安装上水龙头即可。

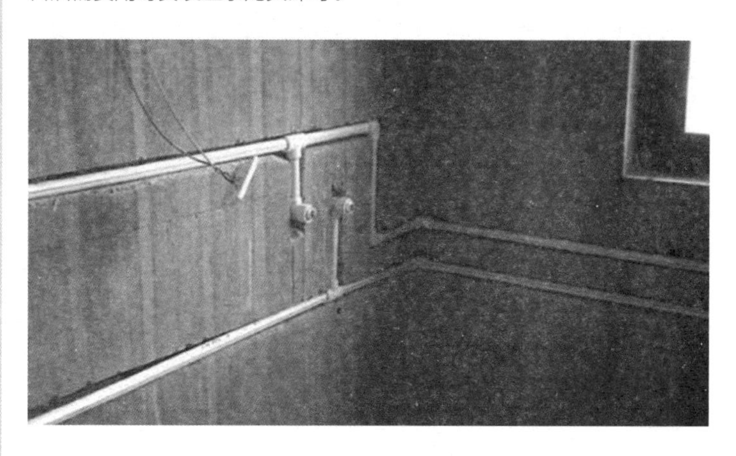

133 水路工程施工调试方法

在水路工程施工完成后，最重要的一步就是进行调试，也就是通过打压试验。水管打压试验是判断水管管路连接是否可靠的常用方法之一。在通常情况下，是需要打 8kg 的压，半个小时后，如果没有出现问题，那么水路施工就算完成了。

134 水路施工应做好隐蔽工程的验收记录

隐蔽工程验收是指在房屋或构筑物施工过程中，对将被下一工序所封闭的分部、分项工程进行检查验收。一般包括给排水工程、电器管线工程、防水工程等。隐蔽工程在隐蔽后，如果发生质量问题，还得重新覆盖和掩盖，就会造成返工等从而造成非常大的损失，所以必须做好隐蔽工程的验收记录。

135 水路施工前应签订正规合同

水路施工前要在合同中注明修改责任，赔偿损失的责任，还有保修期限，合同是业主维护自己权益的最好凭证。在施工完成后一定要及时索要水路图，以利于后期装饰装修以及维修。

TIPS

水路施工合同中应标明房屋水路的总预算，并应在其中明确写出，水路造价不应增项。因为装修公司在与业主签订水路施工合同时，常标明是预估价钱，然后在实际施工再增加价钱，而增加出的价钱是预估造价的几倍之多。

136 水路施工应符合规范要求

各类阀门安装应位置正确且平正，便于使用和维修，并做到整齐美观；住宅室内明装给水管道的管径一般都在15~20mm；根据规定，管径20mm及以下给水管道固定管卡设置的位置应在转角、小水表、水龙头或者三角阀及管道终端的100mm处。

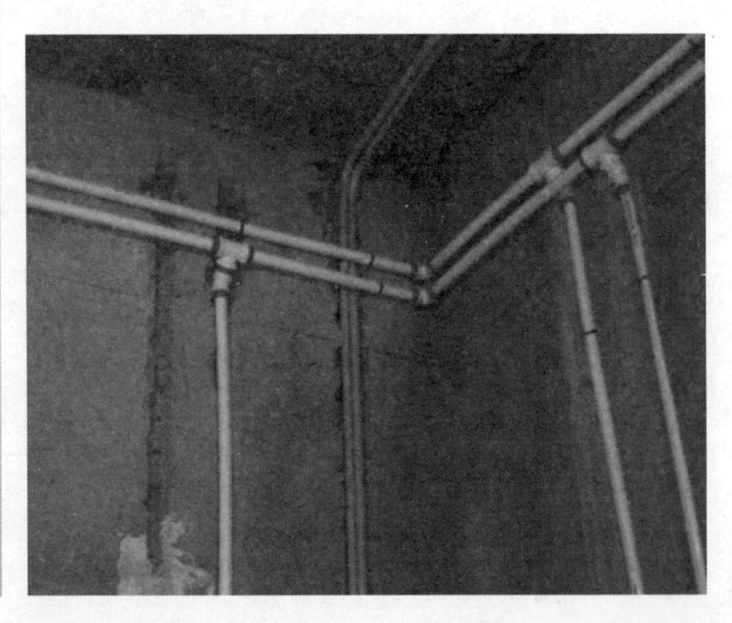

137 水路施工前应注意管路施工设计要求

根据管路施工设计要求，将穿墙孔洞的中心位置用十字线标记在墙面上；用冲击钻打洞孔，洞孔中心线应与穿墙管道中心线吻合，洞孔应顺直无偏差。

138 水路施工应检查管接口与设备受水口位置

管接口与设备受水口位置应正确。对管道固定管卡应进行防腐处理并安装牢固，墙体为砖墙时，应凿孔并填实水泥砂浆后再进行固定件的安装。当墙体为轻质隔墙时，应在墙体内设置埋件，后置埋件应与墙体连接牢固。

139 水路施工完应进行增压试验

各种材质的给水管道系统，试验压力应为工作压力的 1.5 倍。在试压的时候要逐个检查接头、内丝接头，堵头都不能有渗水，堵头渗水会直接影响试压器的指示。试压器在规定的时间内表针没有丝毫的下降或者下降幅度小于 0.1 刻度就说明水管管路是好的，同时也说明试压器也是正常工作状态。

增压试验是通过给水管增压的方式，检测水管管壁的质量、水管连接处是否牢固、以及水流的供应是否正常等，是必需的一个环节。增压试验没有问题，才可以进行之后的项目施工。

140 水路施工在没有加压下的测试方法

可以关闭水管总阀（即水表前面的水管开关），打开房间里面的水龙头 20 分钟，确保没水在滴后关闭所有的水龙头；关闭坐便器水箱和洗衣机等具蓄水功能的设备进水开关；打开总阀 20 分钟后查看水表是否走动，包括缓慢的走动，如果有走动，即为漏水了。如果没有走动，即为没有渗漏。

141 水路施工应注意坐便器的安装

坐便器安装前应先对排污管道进行全面检查，看管道内是否有泥砂、废纸等杂物堵塞，同时检查坐便器安装位的地面前后左右是否水平。如发现地面不平，在安装坐便器时应将地面调平。另外坐便器留的进水接口，位置一定要和坐便器水箱离地面的高度适配，如果留高了，到最后装坐便器时就有可能冲突。

142 水路施工应注意花洒的位置

给卫浴花洒龙头留的冷热水接口，安装水管时一定要调正角度，最好把花洒提前买好，试装一下；注意在贴瓷砖前把花洒先简单拧上，贴好砖以后再拿掉，到最后再重新安装；防止出现贴砖时已经把水管接口固定了，结果因为角度问题装不上而返工。

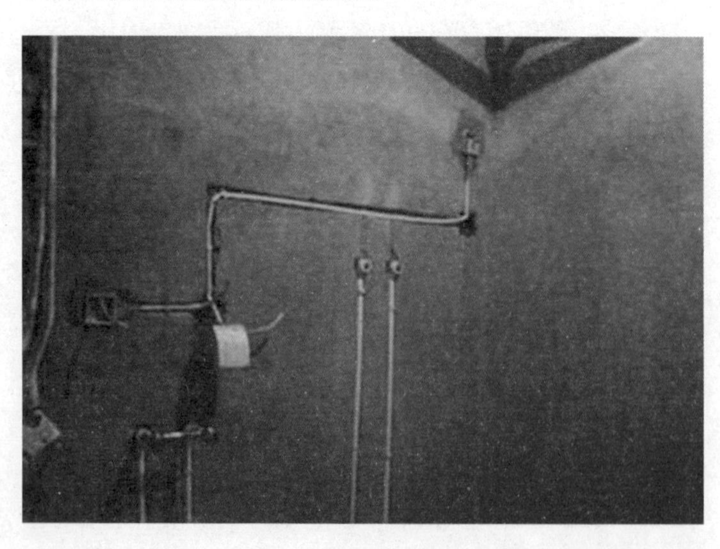

143 水路施工应注意坐便器的安装

如果是安装柱盆，注意冷热水出口的距离不要太宽，否则装了柱盆，柱盆的那个柱的宽度遮不住冷热水管，从柱盆的正面看，能看到两侧有水管。

卫浴除了给洗衣机留好出水龙头外，最好还能留一个龙头接口，这样以后想接点水浇花或其他用途会很方便。

144 旧房水路改造的方法

旧房水路改造特别是镀锌管，在设计时考虑完全更换成新型管材；如更换总阀门需要临时停水一小时左右，提前联系相关单位征得同意并错开用水高峰期；排水管特别是铁管改 PVC 水管，一方面要做好金属管与 PVC 管连接处处理，防止漏水，另一方面排水管属于无压水管，必须保证排水畅通。

145 旧房水路的镀锌管应改为 PP-R 管

对于使用镀锌管作为水管，且使用年限已经达到 15 年以上的房屋，翻新装修中，一定要对水管进行改造。因为镀锌管使用较长时间后，矿物质会沉积在水管内壁上生成水垢，导致重金属超标，影响家庭用水的健康；由于水的氧化作用，会造成管路局部锈蚀及污染，尤具耐压性能下降，容易造成渗漏、开裂甚至是水管断裂。

国家有关部委发文明确从 2000 年起禁用镀锌管。并且，PP-R 管由于价格适中、操作方便，且性能安全、稳定，是目前水管的主流用材，因此，建议大家将老房的镀锌管全部更换为 PP-R 管。

146 确定旧房水路改造方案，规范施工

与新房一样，老房的水路改造也需要提前进行规划设计，根据现有的管路和业主生活需求确定一个稳妥的方案。但与新房不同的是，旧房中原有的管道是需要全部更换的。其中，原外露部分可选择只换管或埋管入墙的方案；原埋入墙部分可选择开槽、打孔走原路线，或废弃原管重新布管的方法。无论是哪种方案，都要遵循尽量少破墙和尽量不破坏原有家具的原则。

旧房水路改造必须严格遵循施工规范，不能因为是旧房子就有所放松，因为一旦施工出现问题，埋下了漏水隐患，不如使用原水路系统。

147 旧房冷热水管安装应利用颜色区别

对于水管的挑选首先要明确水管的颜色，对冷热水管路进行分色套管处理，所有热水管均为红色，冷水管均为蓝色，明确地分色选择水管便于施工检查及维修区分。如果难以分色的话，则一定要注意冷、热水管的安装位置（如，冷水管置左，热水管置右）。

148 旧房水管铺设必须走顶上

因为水都是往下滴的，水路出现渗漏问题，马上就可以发现泄漏点在哪里。现在厨卫一般使用铝扣板吊顶，将吊顶拆开马上可以进行检修。即使漏水，也不会漏到楼下邻居家中，避免影响邻里关系。

149 旧房水路改造勿忘办证审批

在对旧房进行水路改造前，要向所在的小区开具开工申请。申请时要带上水路改造方案规划图，待小区物业审批，水路改造完工后，物业处需要到现场验收。

在物业办理水路改造证件的好处在于，一旦旧房发生漏水等问题，可第一时间向物业寻求解决。而且，也好划分问题是属于物业方的还是施工方的。

150 刚性防水的施工流程

防水层在受到拉伸外力大于防水材料的抗拉强度时（包括沉降变形、温差变形等），防水层会发生脆性开裂从而造成水的渗漏，这种防水层称为刚性防水层。一般特指屋面细石混凝土防水层（新屋面规范已取消细石混凝土刚性防水层）、防水砂浆类防水层、薄层无机刚性防水层（如“水不漏”防水层）等。具体的施工流程如下：

基层处理 → 刷防水剂 → 抹水泥砂浆 → 压光养护 → 做防水试验

151 涂刷防水涂料的细致流程

序号	内　容
一	刷第一遍防水涂料。施工前确保工地干净、干燥，防水涂料要涂满，无遗漏，与基层结合牢固，无裂纹、无气泡、无脱落现象。涂刷高度一致，厚度要达到产品规定要求
二	刷第二遍防水涂料。注意第一、第二遍防水涂料间需要有一定时间间隔，待第一遍涂料干透后才能进行第二遍施工，具体时间视涂料而定。间隔时间太短，防水的效果会大打折扣
三	铺保护层。为防止之后的施工破坏防水层，需在防水涂料表面铺上保护层。保护层要完全覆盖防水层，无遗漏，与基层结合牢固，无裂纹，无气泡，无脱落现象
四	闭水试验。闭水试验时，地面最高点的水线不能低于 2cm，保存至少 24 小时，观察无渗漏现象后方算合格。如有渗漏，需重做，切莫疏忽大意

涂刷防水涂料前，确保卫生间的地面较为平稳。如果需要更换卫生间的地砖，在将原有地砖凿去之后，一定要先用水泥砂浆将地面找平，然后再做防水处理。这样可以避免防水涂料因薄厚不均而造成渗漏。

152 刚性防水的监工重点

序号	内　容
一	防水层施工的高度：建议卫生间墙面做到顶，地面满刷；厨房墙面 1m 高，最好到顶，地面满刷
二	住宅楼卫生间地面通常比室内地面低 2 ~ 3cm，坐便器给排水管均穿过卫生间楼板
三	为了给水管维修方便，给水管须安装套管

153 柔性防水的施工流程

柔性防水指防水层在受到外力作用时，防水材料自身有一定的伸缩延展性（如橡胶一样的弹性），能抵抗在防水材料弹性范围内的基层开裂，呈现一定的柔性，如橡胶类卷材防水、聚氨酯涂料防水等。具体的施工流程如下：

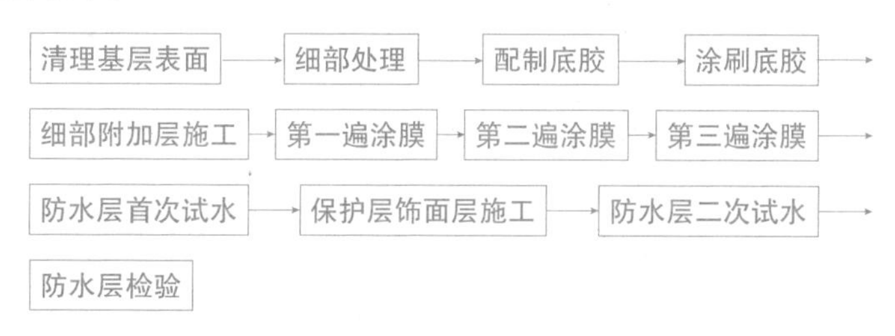

154 柔性防水的监工重点

序号	内　容
一	首先要用水泥砂浆将地面做平（特别是重新做装修的房子），然后再做防水处理。这样可以避免防水涂料因薄厚不均或刺穿防水卷材而造成渗漏
二	防水层空鼓一般发生在找平层与涂膜防水层之间和接缝处，原因是基层含水过大，使涂膜空鼓，形成气泡。施工中应控制含水率，并认真操作
三	防水层渗漏水，多发生在穿过楼板的管根、地漏、卫生洁具及阴阳角等部位，原因是管根、地漏等部件松动、黏结不牢、涂刷不严密或防水层局部损坏，部件接茬封口处搭接长度不够所造成。所以这些部位一定要格外注意，处理一定要细致，不能有丝毫的马虎
四	涂膜防水层涂刷 24 小时未固化仍有粘连现象，涂刷第二道涂料有困难时，可先涂一层滑石粉，在上人操作时，可不粘脚，且不会影响涂膜质量

155 利用漂浮木块做防水测验

能够测试防水的一般只有地面，比如卫生间里面的防水做完以后，待防水层干了就可以做测试了。方法是：把水放到地面上，高度大约为3cm左右，经过24小时以后，如果楼下的顶面上没有渗水的迹象，那么就可以认为不漏水。另外，当无法进入楼下查看时，可以在水里放上一段木头（或者红砖），使木头（或者红砖）的表面与水平面平齐，经过24小时以后如果水平面位置没有改变，那么也可以认为防水层没有问题。

PART

5

隔墙工程

不同材料的隔墙，其施工要点与注意事项也是不同的。红砖砌筑的隔墙，根据砌筑的位置与砌筑的厚度，就需要注意红砖的罗列方式，一般分横向罗列与竖向罗列两种；轻钢龙骨搭建的隔墙，需要考虑墙体中间是否加隔音棉，保证每一处空间内的隐私；玻璃的隔墙则要考虑安装位置固定的牢固度等。

156 泰柏板隔墙的施工步骤

泰柏板是一种新型建筑材料，选用强化钢丝焊接而成的三维笼为构架，阻燃采用 EPS 泡沫塑料芯材，是目前取代轻质墙体最理想的材料 . 是以阻燃聚苯泡沫板或岩棉板为板芯，两侧配以直径为 2mm 冷拔钢丝网片，钢丝网目 50mm × 50mm，腹丝斜插过芯板焊接而成，主要用于建筑的围护外墙、轻质内隔断等。具体施工步骤如下：

墙位放线 → 预排 → 安装 → 嵌缝 → 隔墙抹灰

157 泰柏板隔墙施工预排方法

量准房间净高、净宽和门口的宽、高（外包），将隔墙板材平摆在楼地面上进行预拼装排列，定出板材的安装尺寸，弹线，按线切割。

158 泰柏板隔墙施工安装方法

在主体结构墙面中心线和边线上，每隔 500mm 钻 ϕ 6 孔，压片，一侧用长度 350 ~ 400mm 的 ϕ 6 钢筋码，当钻孔打入墙体内，泰柏板靠钢筋码就位后，将另一侧 ϕ 6 钢筋码，以同样的方法固定，夹紧泰柏板，两侧钢筋码与泰柏板横筋绑扎。泰柏板与墙、顶、地拐角处，应设置加强角网，每边搭接不少于 100mm（网用胶粘剂点粘），埋入抹灰砂浆内。

159 泰柏板隔墙施工抹灰方法

先在隔墙上用 1：2.5 水泥砂浆打底，要求全部覆盖铁丝网，表面平整，抹实。48 小时后用 1：3 的水泥砂浆罩面，压光。抹灰层总厚度为 20mm，先抹隔墙的一面，48 小时后再抹另一面。抹灰层完工后，3 天内不得受任何撞击。

抹灰之后的保养工作是很关键的。建议在泰柏板隔墙抹灰施工之后，室内空间不要进行其他的项目施工一到两天。如果有项目施工的话，最好离隔墙有一定的距离，以保证不会破坏墙体表面的抹灰层。

160 泰柏板隔墙施工注意事项

泰柏板做隔墙，其厚度在抹完砂浆后应控制在 100mm 左右。隔墙高度要控制在 4.5m 以下。泰柏板隔墙必须使用配套的连接件进行连接固定。安装时，将裁好的隔墙板按弹线位置立好，板与板拼缝用配套箍码连接，再用钢丝绑扎牢固。

隔墙板之间的所有拼缝，都必须用联节网或之字条覆盖。隔墙的阴角、阳角和门窗洞口等，也必须采用补强措施。阴阳角用网补强，门窗洞口用之字条补强。

161 泰柏板隔墙施工要点

序号	内　容
一	墙板安装前，在楼地面、墙柱面、顶棚面上弹出泰柏板墙双面边线，边线间距为墙体厚度，上下线用线坠吊垂直，以保证墙体的垂直度
二	用手电钻在顶棚、墙柱面、楼地面弹出的双边线上钻孔，孔深为50mm，孔径为6mm，单边孔距300mm，双边线上孔眼位置应相互错开设置
三	用铁锤在单面四边已钻孔内打入6.5mm钢筋码，楔紧。将泰柏板紧靠上下钢筋码。用扎丝穿入板中钢丝网格与钢筋码绑紧。墙板排布完后，在另一面上下孔内打入钢筋码。用扎丝将其与板内钢丝网格绑紧
四	板与板之间连接处加盖厂家供货钢丝网片之字条，外压6.5mm钢筋压条，用扎丝绑紧。其他部位如墙拐角、丁字接头、门窗部位、顶棚、地面、卫生间等部位的连接构造按设计或厂家说明书处理
五	在门窗洞口处，用钢丝钳剪断洞口处钢丝网格，锯断洞口泡沫塑料。洞口周边绑扎比洞口尺寸每边长500mm的6.5mm钢筋。靠洞口楼板面处的钢筋应插入孔内
六	墙板加固是沿四周钢筋码设置4mm冷拔丝两道，用扎丝绑紧。这样就形成一面牢固的整体隔墙板。当墙任意一面抹灰时，另一面不需要支撑固定
七	暗敷管线可横向和竖向布设，管径不宜超过25mm，管线和电开关盒确定位置后，用钢丝钳剪断板面钢丝网格埋入即可。管线外加盖钢丝网片以利抹灰
八	在泰柏板、各种管线配管、开关盒、预埋件等安装完毕，经检查验收合格后即可抹灰。泰柏板双面抹灰完毕，墙厚120mm

162 石膏复合板隔墙施工步骤

石膏复合板又称硅钙板，是一种多元材料，一般由天然石膏粉、白水泥、胶水和玻璃纤维复合而成。它是以硅质和钙质材料为主，经制浆、成型、蒸养、烘干、砂光及后加工等工序制成的一种新型板材。此产品具有轻质高强、防火隔热、加工性好等优点，可广泛应用于高层和公共建筑物的防火隔墙板、吊顶板、风道、各种船舶的隔舱板，以及防火门等。石膏复合板隔墙的施工步骤如下：

墙位放线 → 墙基施工 → 预排 → 安装 → 嵌缝

163 石膏复合板隔墙施工安装方法

复合板安装时，在板的顶面、侧面和板与板之间均匀涂抹一层胶粘剂，然后上、下顶紧，侧面要严实，缝内胶粘剂要饱满。板下所塞木楔，一般不撤除，但也不得露出墙外。第一块复合板安装好后，要检查其垂直度，继续安装时，必须上、下、横面靠检查尺，并与板面找平。当板面不平时，应及时纠正。复合板与两端主体结构连接应牢固。

安装一道复合板，露明于房间一侧的墙面必须平整，在空气层一侧的墙板接缝，要用胶粘剂勾严密封，安装另一面的复合板前，插入电气设备管线安装工作，第二道复合板的板缝要与第一道墙板缝错开，并应使露明于房间一侧的墙面平整。

164 石膏空心条板隔墙施工步骤

石膏空心条板是石膏板的一种，以建筑石膏为基材，掺以无机轻集料和无机纤维增强材料而制成的空心条板，主要用于建筑的非承重内墙，其特点是无须龙骨。石膏空心条板隔墙的施工步骤如下：

墙位放线 → 安装 → 嵌缝

165 石膏空心条板隔墙施工安装方法

从门口的通天框开始进行墙板安装，安装前先在板的顶面和侧面刷涂水泥素浆胶粘剂，然后推紧侧面，再顶牢顶面，板侧的 1/3 处垫木楔，并用靠尺检查垂直和平整度。踢脚线施工时，用 108 胶水泥浆刷至踢脚线部位，初凝后用水泥砂浆抹实压光。饰面则可根据设计要求，做成喷涂油漆或贴壁纸等饰面层，也可用 108 胶水泥浆刷涂一道，抹一层水泥混合砂浆，再用纸筋灰抹面，然后喷涂色浆或涂料。

在安装隔墙板时，一定要注意使条板对准预先在顶板和地板上弹好的定位线，并在安装过程中随时用 2m 靠尺及塞尺测量墙面的平整度，用 2m 托线板检查板的垂直度。

黏结完毕的墙体，应在 24 小时以后用 C20 干硬性细石混凝土将板下口堵严，当混凝土强度达到 10MPa 以上，撤去板下木楔，并用同等强度的干硬性砂浆灌实。

166 轻钢龙骨隔墙施工步骤

轻钢龙骨隔墙具有重量轻、强度较高、耐火性好、通用性强且安装简易的特性，有适当防震、防尘、隔声、吸声、恒温等功效，同时还具有工期短、施工简便、不易变形等优点。具体施工步骤如下：

定位放线 → 踢脚台砌筑 → 安装沿地横龙骨（上槛）→ 安装沿墙（柱）竖龙骨 → 装设氯丁橡胶密封条 → 安装竖龙骨 → 安装骨架内管线、安装竖龙骨和填塞保温材料 → 安装通贯龙骨、横撑 → 门、窗口等节点处骨架安装 → 纸面石膏板的铺钉 → 嵌缝

TIPS

轻钢龙骨主件：沿顶龙骨、沿地龙骨、加强龙骨、竖向龙骨、横向龙骨应符合设计要求。
轻钢骨架配件：支撑卡、卡托、角托、连接件、固定件、附墙龙骨、压条等附件应符合设计要求。
紧固材料：射钉、膨胀螺栓、镀锌自攻螺钉、木螺钉和黏结嵌缝料应符合设计要求。
填充隔声材料：玻璃棉、矿棉板、岩棉板等，按设计要求选用。
罩面板材：纸面石膏板规格、厚度由设计人员或按图纸要求选定。

167 轻钢龙骨隔墙施工中踢脚台砌筑方法

如设计要求设置踢脚板，则应按照踢脚板的详图先进行踢脚板施工。将地面凿毛清扫后，立模洒水浇筑混凝土。踢脚板施工时，应预埋防腐木砖，以方便沿地龙骨固定。

168 轻钢龙骨隔墙施工安装沿地横龙骨的方法

如沿地龙骨安装在踢脚板上，应等踢脚板养护达到一定强度后，在其上弹出中心线和边线。其地龙骨固定，如已预埋木砖，则将地龙骨用木螺钉钉结在木砖上。如无预埋件，则用射钉进行固结，或钻孔后用膨胀螺栓进行连接固定。

169 轻钢龙骨隔墙施工中安装竖龙骨的方法

以 C 形龙骨上的穿线孔为依据，首先确定龙骨上下两端的方向，尽量使穿线孔对齐。竖龙骨的长度尺寸，应以现场实测为准。前提是保证竖龙骨能够在沿地、沿顶龙骨的槽口内滑动，其截料长度应比沿地、沿顶龙骨内侧的距离略短 15mm 左右。

TIPS

安装时，按分档位置将竖龙骨上下两端插入沿顶、地龙骨内，为插入方便，竖龙骨长度可较上下龙骨间距短 5mm，调整垂直。靠墙、柱的边龙骨除与沿顶、地龙骨用抽芯铆钉固定外，还需用金属膨胀或射钉与墙、柱固定，钉距一般为 900mm。竖龙骨与沿顶、地龙骨固定时，抽芯铆钉每面不少于三颗，品字型排列，双面固定。

170 轻钢龙骨隔墙施工中安装骨架内管线和填塞保温材料的方法

隔墙墙体内需穿电线时，竖龙骨制品一般设有穿线孔，电线及其 PVC 管通过竖龙骨上 H 型切口穿插。同时，装上配套的塑料接线盒以及用龙骨装置成配电箱等。墙体内要求填塞保温绝缘材料时，可在竖龙骨上用镀锌钢丝绑扎或用胶粘剂、钉件和垫片等固定保温材料。

171 轻钢龙骨隔墙施工中安装通贯龙骨、横撑的方法

当隔墙采用通贯系列龙骨时，竖龙骨安装后装设通贯龙骨，在水平方向从各条竖龙骨的贯通孔中穿过。在竖龙骨的开口面用支撑卡作稳定并锁闭此处的敞口。根据施工规范的规定，低于 3m 的隔墙应安装一道通贯龙骨，3 ~ 5m 的隔墙应安装两道。装设支撑卡时，卡距应为 400 ~ 600mm，距离龙骨两端应为 20 ~ 25mm。对非支撑卡系列的竖龙骨，通贯龙骨的稳定可在竖龙骨非开口面采用角托，以抽芯铆钉或自攻螺钉将角托与竖龙骨连接并托住通贯龙骨。

172 轻钢龙骨隔墙施工中门、窗口等节点处骨架安装的方法

对于隔墙骨架的特别部位，可使用附加龙骨或扣盒子加强龙骨，应按照设计图纸来安装固定。装饰性木质门框，一般用自攻螺钉与洞口处竖龙骨固定，门框横梁与横龙骨以同样的方法连接。

173 轻钢龙骨隔墙施工中纸面石膏板铺钉的方法

隔墙轻钢龙骨安装完毕，通过验收合格后可安装隔墙罩面的纸面石膏板。先安装一个单面，待墙体内部管线及其他隐蔽设施和填塞材料铺装完毕后再封钉另一面的板材。罩面板材宜采用整板。板块一般竖向铺装，曲面隔墙可采用横向铺板。石膏板的装钉应从板中央向板的四周顺序进行。中间部位自攻螺钉的钉距不大于 300mm，板块周边自攻螺钉的钉距不大于 200mm，螺钉距板边缘的距离为 10 ~ 15mm。自攻螺钉钉头可略埋入板面，但不得损坏板材和护面纸。

174 轻钢龙骨隔墙施工中嵌缝的方法

清除缝内杂物，并嵌填腻子。待腻子初凝时（大约 30 ~ 40 分钟），再刮一层较稀的腻子，厚度 1mm，随即贴穿孔纸带，纸带贴好后放置一段时间，待水分蒸发后，在纸带上再刮一层腻子，将纸带压住，同时把接缝板找平。如勾明缝，安装时应将胶粘剂刮净，以保持明缝顺直清晰。

175 木龙骨隔墙施工步骤

木龙骨是家庭装修中最为常用的骨架材料，主要由松木、椴木、杉木、进口烘干刨光等木材加工成截面长方形或正方形的木条。被广泛地应

用于吊顶、隔墙、实木地板骨架制作中。木龙骨隔墙的具体施工步骤如下：

定位放线 → 骨架固定点 → 固定木龙骨 → 铺装饰面板

TIPS

木龙骨隔断墙的施工规范：木龙骨架应使用规格为 40mm×70mm 的红、白松木。立龙骨的间距一般在 450~600mm 之间。安装沿地、沿顶木楞时，应将木楞两端伸入砖墙内至少 120mm，以保证隔断墙与原结构墙连接牢固。

176 木龙骨隔墙施工中确定骨架固定点的方法

定位线弹好后，如结构施工时已预埋了锚件，则应检查锚件是否在墨线内。当偏离较大时，应在中心线上重新钻孔，打入防腐木楔；门框边应单独设立筋固定点；隔墙顶部如未预埋锚件，则应在中心线上重新钻出固定上槛的孔眼；下槛如有踢脚板，则锚件设置在踢脚板上，否则应在楼地面的中心线上重新钻孔。

177 木龙骨隔墙施工中固定木龙骨的方法

序号	内容
一	靠主体结构墙（柱）的边立筋对准墨线，用圆钉钉牢于防腐木砖（楔）上
二	将上槛对准边线就位，两端顶紧于靠墙立筋顶部钉牢，然后按钻孔眼用金属膨胀螺栓固定
三	将下槛对准边线就位，两端顶紧于靠墙立筋底部钉牢，然后用金属膨胀螺栓或圆钉固定，或与踢脚台的预埋木砖钉固。紧靠门框立筋的上、下端应分别顶紧上、下槛（或踢脚台），并用圆钉双面斜向钉入槛内，且立筋垂直度检查应合格
四	量准尺寸，分别等间距地排列中间立筋，并在上、下槛上划出位置线。依次在上、下槛之间撑立筋，找好垂直度后，分别与上、下槛钉牢
五	立筋之间要钉横撑，两端分别用圆钉斜向钉牢于立筋上。同一行横撑要在同一水平线上
六	安装饰面板前，应对龙骨进行防火防蛀处理，隔墙内管线的安装也应符合设计要求

178 木龙骨隔墙施工中铺贴饰面板的方法

序号	内容
一	隔墙木骨架通过隐蔽工程验收后方可铺装饰面板
二	与饰面板接触的龙骨表面应刨平刨直，横竖龙骨接头处必须平整，其表面平整度不得大于3mm。胶合板背面应进行防火处理
三	用普通圆钉固定时，钉距为80～150mm，钉帽要砸扁，冲入板面0.5～1.0mm。采用钉枪固定时，钉距为80～100mm
四	纸面石膏板宜竖向铺设，长边接缝应安装在立筋上。龙骨两侧的石膏板接缝应错开，不应在同一根龙骨上接缝

续表

序号	内　　容
五	纤维板如用圆钉固定，钉距为 80 ~ 120mm，钉长为 20 ~ 30mm，打扁的钉帽冲入板面 0.5mm。硬质纤维板使用前应用水浸透，自然风干后再安装
六	胶合板、纤维板用木条固定时，钉距不应大于 200mm，钉帽打扁后冲入木压条 0.5 ~ 1.0mm
七	板条隔墙在板条铺钉时的接头，应落在立筋上，其端头及中部每隔一根立筋应用两颗圆钉固定。板条的间隙宜为 7 ~ 10mm。板条接头应分段交错布置

179 玻璃砖隔墙施工步骤

一般居室空间都不希望有黑房间（没有光线的房间）的出现，即使走道也希望有光线。选用玻璃砖做隔断，既有区隔作用，又可把光透入室内，且有良好的隔音效果。具体的施工步骤如下：

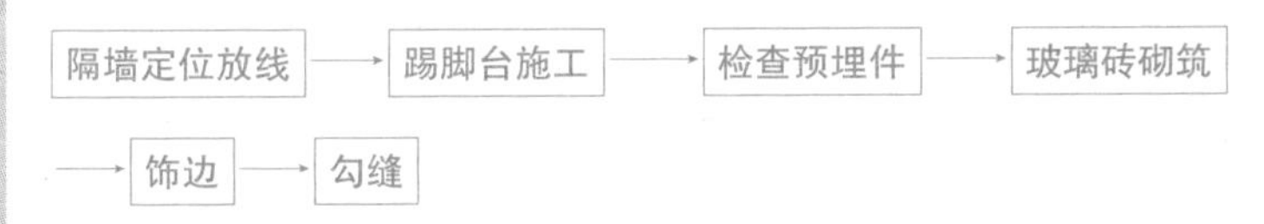

180 玻璃砖隔墙施工中踢脚台的施工方法

踢脚台的结构构造如为混凝土，应将楼板凿毛、立模，洒水浇筑混凝土；如为砖砌体，则可按踢脚台的边线，砌筑砖踢脚。在踢脚台施工中，两端应与结构墙锚固并按设计要求的间距预埋防腐木砖。表面应用1：3的水泥砂浆抹平、收光，进行养护。

181 玻璃砖隔墙施工中检查预埋件的方法

隔墙位置线弹好后，应检查两侧墙面及楼底面上预埋木砖或铁件的数量和位置，如预埋件偏离中心线很大，则应按隔墙的中心线和锚件设计间距钻膨胀螺栓孔。

预埋件与预埋件之间的距离应保持一致，若一段长一段短，会导致玻璃砖隔墙发生不牢固的现象。

182 玻璃砖砌筑的方法

按照设计图纸计算使用的砖数。如采用框架，则应先做金属框架。每砌一层，用水泥：细砂：水玻璃=1：1：0.06（质量比）的砂浆，按水平、垂直灰缝10mm，拉通线砌筑，灰缝砂浆应满铺、满挤。在每一层中，将两个ϕ6mm钢筋，放置在玻璃砖中心的两边，压入砂浆的中央，并将钢筋两端与边框电焊牢固。每砌完一层后，要用湿布将玻璃砖面沾着的水泥浆擦抹干净。

玻璃砖一般用白水泥砂浆砌筑，配合比宜为1：2~1：2.5。玻璃砖应砌在钢筋网格内，每砌完一度玻璃砖，即用1：2白水泥白石渣浆灌缝。水平灰缝厚度及垂直灰缝宽度应控制在10mm左右。全都砌完后用白水泥稠浆勾缝。

183 玻璃砖隔墙施工中勾缝的方法

玻璃砖砌完后，即进行表面勾缝。先勾水平缝，再勾竖缝，勾缝深浅应一致，表面要平滑。如要求做平缝，可用抹缝的方法将其抹平。在勾缝和抹缝完毕后，应用抹布或棉纱将砖表面擦抹明亮。

184 在玻璃隔墙上粘贴隔热膜的方法

序号	内　容
一	把玻璃擦拭干净，去除油渍、灰尘等
二	在玻璃表面喷水，不怕多，所有表面全部都要喷到
三	将隔热膜从保护纸基上揭起，不要全揭开，从玻璃的一边开始贴
四	贴时一定要拉平，不能留有空气
五	用湿毛巾按压贴过的膜，把下面的水分和空气挤出去
六	如果有气泡无法消除，可用细针扎一个孔，将空气排出
七	先贴小块玻璃，熟练后再贴大块的

185 玻璃隔断墙使用玻璃的材质要求

根据施工工艺标准要求，玻璃隔断墙通常采用至少 10cm 的钢化玻璃。因为钢化玻璃有抗风压性、寒暑性、冲击性等，更加安全、固牢、耐用，而且玻璃打碎后对人体的伤害比普通玻璃小很多。优质的玻璃隔断有采光好、隔音防火佳、环保、易安装并且玻璃可重复利用等优点。

186 有框落地玻璃隔墙施工重点监控事项

① 组装、固定框架。固定框架时，组合框架的立柱上、下端应嵌入框顶和框底的基体内25mm以上，转角处的立柱嵌固长度应在35mm以上。框架连接采用射钉、膨胀螺栓、钢钉等紧固时，其紧固件离墙（或梁、柱）边缘不得少于50mm，且应错开墙体缝隙，以免紧固失效。

② 安装玻璃。玻璃不能直接嵌入金属下框的凹槽内，应先垫氯丁橡胶垫块（垫块宽度不能超过玻璃厚度，长度根据玻璃自重决定），然后将玻璃安装在框格凹槽内。

187 无竖框玻璃隔墙施工重点监控事项

① 安装框架。如果结构面上没有预埋铁件，或预埋铁件位置不符合要求，则按位置中心钻孔，埋入膨胀螺栓，然后将型钢按已弹好的位置安放好。型钢在安装前应刷好防腐涂料，焊好后在焊接处再刷防锈漆。

② 安装大玻璃、玻璃肋。先安装靠边结构边框的玻璃，将槽口清理干净，垫好防振橡胶垫块。玻璃之间应留 2 ~ 3mm 的缝隙或留出玻璃肋厚度相同的缝，以便安装玻璃肋和打胶。

188 使用墙衬处理墙面的方法

序号	内　容
一	原墙铲除干净到基底
二	原墙修补，把开裂、空鼓的地方加网状带或牛皮纸后，用墙衬满墙操作
三	刮板印经砂纸打磨，浮尘清理干净后，直接刷面漆

189 用空心砖砌墙的最佳厚度

一般家装砌砖墙应该采用 1/2 砖墙，如果用空心砖来做的话，墙体宽度连粉刷在内 120mm 厚，主要优点是自重轻，是一般 95 砖墙的 2/3，不会对房屋本身结构带来太大的负担。另外，空心砖还有一个优点，它的隔音效果很好，因为空心砖里面的孔在安排上有隔音功能，相对来讲 95 砖墙体厚度和空心砖是一样的，自重要重一些，隔音效果比空心砖要略微好一点。

190 隔断墙采用空心砖比 95 砖要好

隔断墙上最好使用空心砖，因为比较轻，不会造成楼板开裂。其实，还有许多其他的隔墙材料，包括轻钢龙骨石膏板、钢丝网等，也有自重较轻，节省空间等优点。

191 墙面抹灰施工步骤

墙面抹灰，是指在墙面上抹水泥砂浆、混合砂浆、白灰砂浆面层工程。抹灰工程所使用的主要材料有：水泥、中砂、石灰膏、生石灰粉、胶粘剂、外加剂、水等。具体施工步骤如下：

基层处理 → 贴饼、冲筋 → 抹底灰、中层灰 → 抹罩面灰 → 养护

192 墙面抹灰施工中抹底灰、中层灰的方法

根据抹灰的基体不同，抹底灰前可先刷一道胶黏性水泥砂浆，然后抹 1∶3 水泥砂浆，且每层厚度控制在 5 ~ 7mm 为宜。每层抹灰必须保持一定的时间间隔，以免墙面收缩而影响质量。

193 墙面抹灰施工中抹罩面灰的方法

在抹罩面灰之前，应观察底层砂浆的干硬程度，在底灰七八成干时抹罩面灰。如果底层砂浆已经干透，则需要用水先湿润，再薄薄的刮一层素水泥浆，使其与底层砂浆粘牢，然后抹罩面灰。另外，在抹罩面灰之前应注意检查底层砂浆有无空、裂现象，如有应剔凿返修后再抹罩面灰。

194 墙面抹灰施工中养护的方法

水泥砂浆抹灰层应在抹灰 24 小时后进行养护。抹灰层在凝固前，应防止振动、撞击、水冲、水分急剧蒸发。冬季施工时，抹灰作业面的温度不宜低于 5℃，抹灰层初凝前不得受冻。

195 墙面抹灰宜选用中砂

用前过筛，不得含有杂物。所用石灰膏的熟化期不应少于 15 天，罩面用磨细生石灰粉的熟化期不应少于 3 天。水泥砂浆拌好后，应在初凝前用完，结硬砂浆不得继续使用。另外抹灰用的水泥宜为硅酸盐水泥或普通硅酸盐水泥，强度等级不应小于 32.5 级，且应有合格证书。不同品种，不同强度等级的水泥不得混用。

196 抹灰工程最常出现的问题

① 砖墙或混凝土基层抹灰后，由于水分的蒸发、材料的收缩系数不同、基层材料不同等，易在不同基层墙面的交接处，如接线盒周围等，出现空鼓、裂缝问题。做好抹灰前的基层处理是确保抹灰质量的关键措施之一，必须认真对待。

② 水泥砂浆经过一段时间凝结硬化后，在抹灰层出现析白现象。在影响美观的同时也污染了环境。在进行抹灰之前，须规矩找方、横线找平、竖线吊直，这是确保抹灰面平整、方正的标准和依据；在做灰饼和冲筋时，要注意不同的基层要用不同的材料，如水泥砂浆的墙面，要用 1∶3 的水泥砂浆；在罩面灰施工前，应进行一次质量检查验收，如有不合格之处，必须进行修整后方可进行罩面灰施工。

墙面上所有的接线盒的安装时间应注意，一般在墙面找点冲筋后进行，并进行详细的技术交底。抹灰工与电工同时配合作业，安装后接线盒与冲筋面相平，可避免接线盒周围出现空鼓、裂缝的质量问题。

197 墙面抹灰必须先做基层处理

序号	内　容
一	抹灰前应先将基层表面残留的灰浆、疙瘩等铲除干净
二	表面有孔洞时，应先按孔洞的深浅用水泥砂浆或细石混凝土找平
三	过于光滑的墙面，须用剁斧凿毛，每10mm剁三道
四	如有油污严重时则需要剥皮凿毛
五	砖墙基层一般情况下需浇水二到三遍，当砖面渗水达到8~10mm时方可抹灰

如果基层比较光滑而没有进行毛化处理，会影响水泥砂浆层与基层的黏结力，导致水泥砂浆层容易脱落；如果基层浇水没有浇透，会使得抹灰后砂浆中的水分很快被基层吸收，从而影响了水泥的水化作用，降低了水泥砂浆与基层的黏结性能，易使抹灰层出现空鼓、开裂等问题。

198 抹灰工程最常出现的问题

抹灰不分层，一次抹压成活，则难以抹压密实，很难与基层黏结牢固。且由于砂浆层一次成型，其厚度厚、自重大，易下坠并将灰层拉裂，同时也易出现空鼓、开裂的现象。所以，抹灰应分层进行，且每层之间要有一定的时间间隔。一般情况下，当上一层抹灰面七八成干时，才可进行下一层面的抹灰。

PART

6

墙地砖工程

瓷砖铺贴及石材铺贴等瓦工工程，对与整个家装过程来说是至关重要的，地面铺贴的瓷砖需要行走，墙面铺贴的瓷砖则用于厨房及卫生间的防水。墙地砖的铺贴也是讲求顺序的，比如墙面的瓷砖应自下向上贴，地砖则从门口的位置向里面贴等。这样做的目的是，使整块的瓷砖显露在外面，裁切的瓷砖隐蔽在里面。

199 贴陶瓷墙砖的施工步骤

陶瓷砖是由黏土和其他无机非金属原料，经成型、烧结等工艺生产的板状或块状陶瓷制品，用于装饰与保护建筑物、构筑物的墙面和地面。在室内铺贴时必须要对建筑物表面进行预处理，去除建筑物表面粘污物。同时墙面还必须浇水润湿，如表面润湿不足，砂浆中的水分会被基层吸走，而导致空鼓、黏结不牢。贴陶瓷墙砖的施工步骤如下：

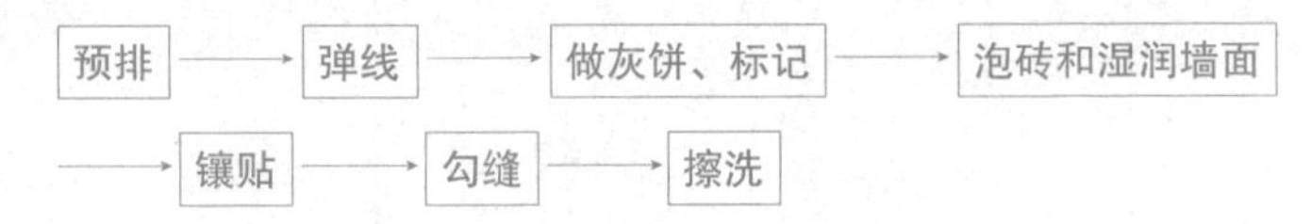

200 贴陶瓷墙砖施工中弹线的方法

根据室内标准水平线，找出地面标高，按贴砖的面积计算纵横的皮数，用水平尺找平，并弹出釉面砖的水平和垂直控制线。如用阴阳三角镶边时，则应先将镶边位置预分配好。横向不足整砖的部分，留在最下一皮与地面连接处。

201 贴陶瓷墙砖施工中做灰饼、标记的方法

为了控制整个镶贴釉面砖表面的平整度，正式镶贴前，可在墙上粘废釉面砖作为标志块，上下用托线板挂直，作为粘贴厚度的依据，横向每隔 1.5m 左右做一个标志块，用拉线或靠尺校正平整度。在门洞口或阳角处，如有阴三角镶过时，则应将尺寸留出先铺贴一侧的墙面，并用托线板校正靠直。如无镶边，应双面挂直。

TIPS

做灰饼、标记的好处是，可以保证墙砖的粘贴更加的平整，有良好的参照物，并且还可以控制墙砖的粘贴厚度，避免发生墙面凹凸不平的现象。

202 贴陶瓷墙砖施工中镶贴的方法

序号	内　容
一	在釉面砖背面抹满灰浆，四周刮成斜面，厚度应在 5mm 左右，注意边角要满浆。当釉面砖贴在墙面时应用力按压，并用灰铲木柄轻击砖面，使釉面砖紧密粘于墙面
二	铺完整行的砖后，再用长靠尺横向校正一次。对高于标志块的应轻轻敲击，使其平齐；若低于标志块的，应取下砖，重新抹满刀灰铺贴，不得在砖口处塞灰，否则会产生空鼓
三	釉面砖的规格尺寸或几何尺寸形状不等时，应在铺贴时随时调整，使缝隙宽窄一致。当贴到最上一行时，要求上口成一直线。上口如没有压条，应用一边圆的釉面砖，阴角的大面一侧也用一边圆的釉面砖，这一排的最上面一块应用两边圆的釉面砖
四	在有洗面盆、镜子等的墙面上，应按洗面盆下水管部位为准，往两边排砖

203 贴陶瓷墙砖施工中泡砖和湿润墙面的方法

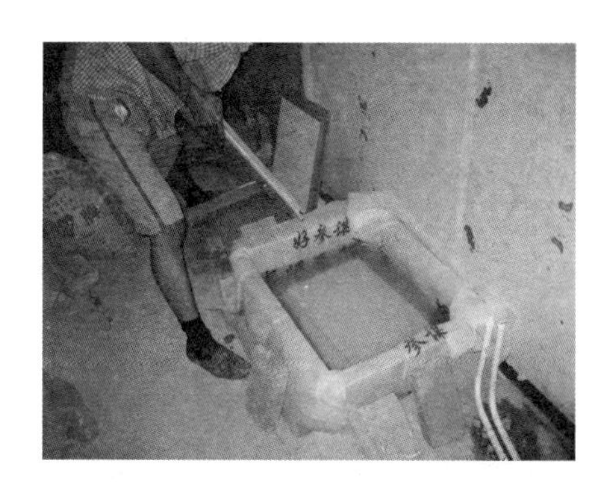

釉面砖粘贴前应放入清水中浸泡 2 小时以上，然后取出晾干，用手按砖背无水迹时方可粘贴。冬季宜在掺入 2% 盐的温水中浸泡。砖墙面要提前 1 天湿润好，混凝土墙面则应提前 3 ~ 4 天湿润，以免墙面吸走黏结砂浆中的水分。

204 掌握水泥与沙子的混合比例

正确选用水泥标号和调配水泥沙子的混合比例。水泥沙子的混合比例不当或者水泥标号过高会导致瓷砖开裂，水泥的比例大，瓷砖的黏结力强，砖能很快地粘牢，但水泥混合比例高，水泥砂浆的膨胀系数大，容易在铺贴后将砖挤裂。建议的比例，墙砖为 1 : 3，地砖为 1 : 2，水泥的标号为 32.5 号水泥。

TIPS

铺贴瓷砖时，应及时将瓷砖缝中多余的粘接材料刮理干净，并用湿棉布擦去面砖上的污迹，千万不要等到粘接材料干硬后再擦拭清洗，那样不但不能清洗干净，如果用硬物刮除还会损害釉面层。等粘接材料凝固后，可以用白水泥、石膏灰浆或色浆将接缝刷一遍，并用棉纱将灰浆擦匀、填满。

205 掌握瓷砖铺贴的缝隙

任何物体都存在热胀冷缩，瓷砖也不例外。所以瓷砖的铺贴一定要留缝。近年来无缝砖常被提到，无缝砖是瓷砖在烧制好之后经过切割或者修边打磨而成，使砖面和砖的侧边均成 90° 直角，釉面砖和通体砖都可以做成无缝砖。选用无缝砖可以使留缝距离较小，但不能完全无缝。

无缝砖等墙砖、抛光砖在铺贴时，留缝 1~1.5mm，不低于 1mm，可以以气钉牙签来作为参照物。仿古砖稍宽，一般是 3~5mm。地砖（如玻化砖等）一般留缝 1.5~2mm。阳台的外墙砖一般留缝 5mm 左右。

206 铺贴墙砖时选择好填缝剂

市面上的填缝剂主要分有沙和无沙的，一般铺贴亮光的墙砖和玻化砖适合用无沙的，铺贴亚光砖和仿古地砖适合选用有沙的；填缝剂的颜色选择有两种方式，一是接近法，选择和瓷砖颜色接近的勾缝剂，第二种是反差法，使勾缝剂颜色与瓷砖颜色形成强烈的对比。

TIPS

一般填缝时间在贴砖24小时后，即瓷砖干固之后，填缝时间太早，将会影响所贴瓷砖，造成高低不平或者松动脱落。另外，在填缝之前，需要将瓷砖的缝隙里面的灰土杂物给清理干净。

207 贴陶瓷马赛克的施工步骤

陶瓷马赛克是最传统的一种马赛克，以小巧玲珑著称，但较为单调，档次较低。可以不加任何修饰，保留粗糙的表面，如果上釉烧制，则会形成光滑的表面。一般的陶瓷马赛克，具有防水、防潮、耐磨和容易清洁等特点，但其可塑性不强，大多用于外墙及厨卫等。具体的施工步骤如下：

基层处理 → 找平层抹灰 → 弹线 → 粘贴 → 揭纸 → 调整 → 擦缝、清理

208 贴陶瓷马赛克施工中找平层抹灰的方法

如是砖墙面，在墙面湿水后，用1：3水泥砂浆分层打底作找平层，厚度在12～15mm，按冲筋抹平。随后用木抹子搓毛，干燥天气应洒水

养护；如果是加气混凝土块，抹底层砂浆前墙面应洒水刷一道界面处理剂，随刷随抹；如果是混凝土面，在墙面洒水刷一道界面处理剂，分层抹 1：2.5 水泥砂浆找平层，厚度为 10 ~ 12mm，平冲筋面，当厚度超过 12mm，应采取钉网格加强措施分层抹压，表面要搓毛并洒水养护。

209 贴陶瓷马赛克施工中弹线的方法

弹线之前应进行选砖、排砖。分格必须根据施工图纸横竖布置装饰线，在门窗洞、窗台、挑檐、腰线等部位进行全面安排。排砖时，应特别注意墙角、墙垛、雨篷面、窗台等细部的构造尺寸，按整联马赛克排列出分格线。分格只有横缝应与窗台、门窗脸相平，竖向分格线要求在阳台及窗口边都为整联排列，这就要依据施工图纸及主体结构实际施工尺寸和锦砖尺寸，精确计算排砖模数，并绘制粘贴锦砖排砖大样作为弹线依据。

弹线应在找平层完成并经检查达到合格标准后进行，先安排砖大样，弹出墙面阳角垂线与镶贴上口水平线（两条基线），再按每联锦砖一道，弹出水平分格线；按每联或 2～3 联马赛克一道，弹出垂直分格线。

210 贴陶瓷马赛克施工中软贴法的方法

粘贴陶瓷马赛克时，一般自上而下进行。在抹黏结层之前，应在湿润的找平层上刷素水泥浆一遍，3mm 厚的 1：1：2 纸筋石灰膏水泥混合浆黏结层。待黏结层用手按压无坑印时，便可在其上弹线分格，由于灰浆仍稍软，故称为“软贴法”。同时，将每联陶瓷马赛克铺在木板上（底面朝上），用湿棉纱将马赛克黏结层面擦拭干净，再用小刷蘸清水刷一道。随即在马赛克粘贴面刮一层 2mm 厚的水泥浆，边刮边用铁抹子向下挤压，并轻敲木板振捣，使水泥浆充盈拼缝内，排出气泡。

水泥浆的水灰比应控制在 0.3 ~ 0.35mm。然后在黏结层上刷水、湿润，将马赛克按线、靠尺粘贴在墙面上，并用木锤轻轻拍敲按压，使其更加牢固。

211 贴陶瓷马赛克施工中硬贴法的方法

硬贴法是在已经弹好线的找平层上洒水，刷一层厚度在 1 ~ 2mm 的素水泥浆，再按软贴法进行操作。但此法的不足之处是找平层上的所弹分格线会被素水泥浆遮盖，马赛克铺贴会无线可依。

212 贴陶瓷马赛克施工中干缝洒灰湿润的方法

在马赛克背面满撒 1：1 细砂水泥干灰（混合搅拌应均匀）充盈拼缝，然后用灰刀刮平，并洒水使缝内干灰湿润成水泥砂浆，再按软贴法贴于墙面。贴时应注意缝格内干砂浆应撒填饱满，水湿润应适宜，太干易使缝内部分干灰在提纸时漏出，造成缝内无灰；太湿则锦砖无法提起不能镶贴。此法由于缝内充盈良好，可省去擦缝，揭纸后只需稍加擦拭即可。

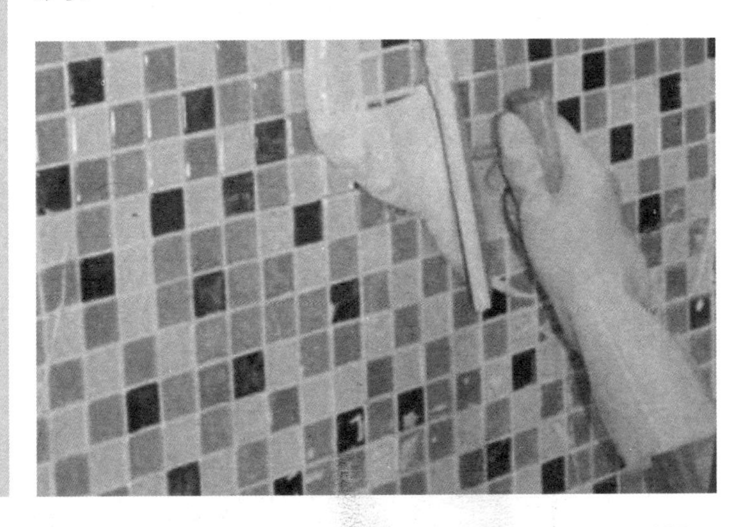

213 贴陶瓷马赛克施工中揭纸的方法

马赛克应按缝对齐，联与联之间的距离应与每联排缝一致，再将硬木板放在已经贴好的马赛克纸面上，用小木锤敲击硬木板，逐联满敲一遍，以保证贴面平整。待黏结层开始凝固即可在马赛克护面纸上用软毛刷刷水湿润。在护面纸吸水泡开后便可揭纸，揭纸应先试揭一次。在湿纸水中撒入水泥灰搅匀，能加快纸面吸水速度，使揭纸时间提前。揭纸应仔细按顺序用力向下揭，切忌往外猛揭。

揭纸时最好保持匀速，过快或过慢揭纸都很难起到良好的效果，用力猛揭纸更是不应采用的。

214 贴陶瓷马赛克施工中调整的方法

揭纸后如有个别小块颗粒掉下应立即补上。如发现“跳块”或“瞎缝”，应及时用钢刀拨开复位，使缝隙横平竖直。填缝后，再垫木拍板将砖面拍实一遍，以增强黏结力。此项工作须在水泥初凝前做完。

215 贴陶瓷马赛克施工中擦缝、清理的方法

擦缝应先用橡皮刮板，用与镶贴时同品种、同颜色、同稠度的素水泥浆在锦砖上满刮一遍，个别部位须用棉纱蘸浆嵌补。擦缝后素浆严重污染了马赛克表面，必须及时清理清洗。清洗墙面应在马赛克黏结层和勾缝砂浆凝结后进行。

擦缝的时间应当是在马赛克粘贴好之后，立刻擦缝。这样的好处在于防止填缝剂粘贴在马赛克表面，风干后不好清理。而清洗墙面在马赛克粘贴完全风干后进行的好处在于，马赛克不会因清洗墙面而发生松动、滑落的现象。

216 铺装无缝砖的方法

简单的来说，无缝砖就是指砖面和砖的侧边均成 90° 直角的瓷砖，包括一些大规格的釉面墙砖以及玻化砖等。无缝墙砖铺装也应有一定间隙，间隙应为 0.5~1mm，目的是用来调节墙砖的大小误差，这样铺装更美观。无缝砖对施工工艺要求比较高，讲究铺贴平整，上下左右调整通缝，一般不经常铺贴无缝砖的泥瓦工是很难做得到的。

217 地面找平的方法

① 找平是使物体处于同一水平面。一般用于建筑施工中，是用某种器材，比如水平仪，经纬仪等。

② 找平是以墙柱上的水平控制线和找平墩为标志，检查平整度，铲掉高处，凹处补平。用水平刮杠刮平，然后表面用木抹子搓平。有坡度要求的，应按设计要求做坡度。找平是一道地面施工工艺。在地面施工时，如果地不平，先用水泥找平。如果不考虑造价，也可以做龙骨，龙骨的保暖、弹性更好。

218 辨别地面找平是否平整的方法

我们一般都是用一根两米的靠尺来进行地毯式测量。即在同一位置至少进行交叉方向的测量、如果在靠尺的下方出现了大于3mm甚至是5mm的空隙。这就说明地面不平。已经超出木地板的铺装要求了。

219 地面自流平找平法

序号	内　容
一	地面打磨处理。地面在使用自流平水泥找平前，首先需要对地面进行预处理。一般毛坯地面上会有凸出的地方，需要将之打磨掉。一般需要用到地面打磨机，采用旋转平磨的方式将凸块磨平
二	涂刷界面剂。界面剂的作用是让自流平水泥和地面能够衔接更紧密。在地面打磨处理步骤完成并清理干净后，就需要在打磨平整的地面上涂刷两次界面剂。市场上的界面剂产品种类较多，业主注意选择质量较好的产品，以防止后期地面出现各种质量问题
三	倒自流平水泥。自流平水泥是一种由多种活性成分组成的干混型粉状材料，现场拌水即可使用。通常自流平水泥和水的比例是1∶2。确保水泥能够流动，但又不可以太稀，否则干燥后强度不够，容易起灰。在界面剂干燥之后，就可以将搅拌好的自流平水泥倒在地上，倒到地面上之后，水泥可以顺着地面流淌，但是不能完全流平，需要施工人员用工具推擀水泥，将水泥推开推平
四	用滚筒压匀水泥。水泥不是纯液体，不可能绝对的平，推擀过程中会有一点的凹凸，这时就需靠滚筒将水泥压匀。如果缺少这一步，很容易导致地面出现局部的不平，以及后期局部的小块翘空等问题

避免施工留下印记。施工中施工人员难免要踩到水泥面上，为保证鞋子不会在水泥上留下印记，施工人员一般是要穿上特殊的鞋子进行施工的。这种鞋子鞋底下面布满钉子，不影响站稳，同时也能减少在水泥面上留上印记。

220 地面水泥砂浆找平法

序号	内　容
一	地面基层处理。在进行施工前，同样需要对地面基层进行处理，确保地面空鼓、起块等缺陷已经被修补或铲除。并保证地面基层清理干净，无施工障碍。此外，需要对已完成的木制品的根部包扎，对室内原有设施的根部包扎或用材料进行隔挡
二	标高抹灰饼。依据地面铺贴饰材的种类厚度和完成面标准线确定找平厚度，一般面层抹灰厚度不小于 20mm，在墙面弹出找平控制线。根据找平控制线沿墙四周抹灰饼，灰饼大小一般为 5cm × 5cm 大小，横竖间距为 1.5~2.0m，灰饼上平面即为地面面层标高。如果房间比较大，还须抹标筋。铺抹灰饼和标筋的砂浆材料配合比均与抹地面的砂浆相同
三	刷水泥浆。水泥浆的作用是使得水泥砂浆和地面的衔接更紧密。水泥浆需要按照 1：0.5 的比例配制，调制好后，用扫帚等工具涂刷到地面，形成结合层
四	铺水泥砂浆。在涂刷完水泥浆后，铺水泥砂浆，水泥砂浆配合比为水泥：砂 =1：2，应搅拌均匀。满铺水泥砂浆后用长木杠拍实搓平，使砂浆与基层结合紧密
五	表面压光处理。表面压光分两次进行。第一次在水泥砂浆凝结稍有反水，人踩上去有脚印，但不下陷时，撒干水泥面后用铁抹子压光，从边角到大面，顺序加力压实抹光，待水泥砂浆终凝前进行第二遍压光，用铁抹子将第一次压光留下的抹纹压平、压实、压光。并随时用靠尺检查平整度

续表

序号	内　容
六	完工养护。面层压光 24 小时后，在面层铺锯末或其他材料覆盖洒水养护，保持湿润，养护时间不少于 7 天，抗压强度达 5MPa 时才能上人。水泥砂浆找平法施工，要求面层和基层黏结牢固，不应空鼓；表面应密实压光，不允许有裂缝、脱皮、起沙等缺陷

221 避免与修补水泥地面空鼓的方法

序号	内　容
一	房心回填土严格分层，均匀结实
二	基层混凝土要振捣密实和平整，不平处用沙泥找平，控制高差在 10mm 以内
三	基层扫净，提前一天浇水湿润
四	结合层水泥浆水灰比控制在 0.4 左右，随浇随扫均匀，做到不积水、积浆和无干斑
五	冬季养护避免局部温度过低

222 铺贴陶瓷地砖的施工步骤

瓷质砖铺装是技术性较强、劳动强度较大的施工项目。如果家居某个空间面积较大，而且全部铺设地砖，应该要先预铺一遍保证砖的花纹走向能够完全吻合，并把地砖统一编号后再进行铺设，这样能够保证大面积地砖铺设完后的整齐划一。具体的铺装步骤如下：

基层处理 → 贴饼、冲筋 → 铺结合层砂浆 → 弹线 → 泡砖 → 铺砖 → 压平、拔缝 → 嵌缝 → 养护

223 铺贴陶瓷地砖的主要材料

① 水泥。硅酸盐水泥、普通硅酸盐水泥。其强度等级不应低于 42.5 级，并严禁混用不同品种、不同等级的水泥。

② 砂。中砂或粗砂，过 8mm 孔径筛子，其含泥量不应大于 3%。

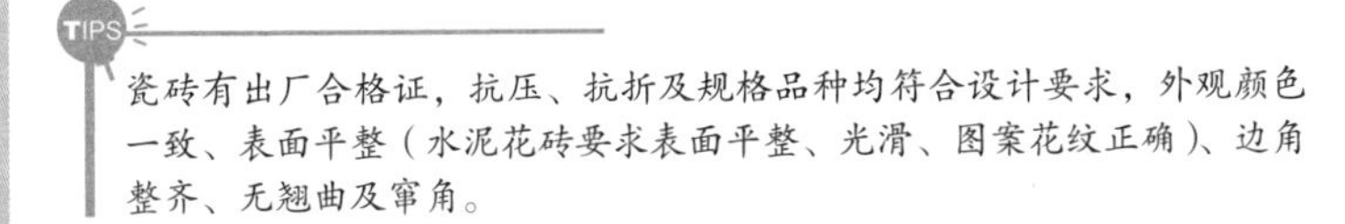

TIPS

瓷砖有出厂合格证，抗压、抗折及规格品种均符合设计要求，外观颜色一致、表面平整（水泥花砖要求表面平整、光滑、图案花纹正确）、边角整齐、无翘曲及窜角。

224 铺贴陶瓷地砖的作业条件

序号	内　容
一	内墙 +50cm 水平标高线已弹好，并校核无误
二	墙面抹灰、屋面防水和门框已安装完
三	地面垫层以及预埋在地面内各种管线已做完，穿过楼面的竖管已安完，管洞已堵塞密实，有地漏的房间应找好泛水
四	提前做好选砖的工作，预先用木条钉方框（按砖的规格尺寸）模子，拆包后块块进行套选、长、宽、厚不得超过 ±1mm，平整度不得超过 ±0.5mm。外观有裂缝、掉角和表面上有缺陷的剔出，并按花型、颜色挑选后分别堆放

TIPS

一般来说，在贴地砖时，应该是遵循先刷墙后贴踢脚线的顺序进行，这样才不会因为贴砖施工污染到踢脚线。

225 铺贴陶瓷地砖一定要留缝

瓷砖铺设的时候一定要留缝，不仅为了处理规格不整的问题，最主要的是给热胀冷缩预留位置，另外，瓷砖本身的尺寸存在一定的误差、工人施工也会有一定的误差。瓷质砖留缝可小一些，陶质瓷质的留缝大一些，铺设仿古地砖时留缝要大，这样才能体现出砖的古朴感。

226 铺陶瓷地砖施工中贴饼、冲筋的方法

根据墙面的 50 线弹出地面建筑标高线和踢脚线上口线，然后在房间四周做灰饼。灰饼表面应比地面建筑标高低一块砖的厚度。厨房及卫浴内的陶瓷地砖应比楼层地面建筑标高低 20mm，并从地漏和排水孔方向做放射状标筋，坡度应符合设计要求。

厨房、卫生间的地砖铺贴好之后，需要做水流试验，看水流是否全部流淌到地漏，确保不会在地砖表面留下积水。

227 铺陶瓷地砖施工中铺结合层砂浆的方法

应提前浇水湿润基层，刷一遍水泥素浆，随刷随铺 1：3 的干硬性水泥砂浆，根据标筋标高，将砂浆用刮尺拍实刮平，再用长刮尺同刮一遍，然后用木抹子搓平。

地砖铺设的装修陷阱较为简单，就是限制水泥沙子层的厚度，一般会在报价单上写“水泥沙子层厚度不得超过 5cm，否则另外收地面找平的费用”。现在的房子地面不可能是完全平整的，铺设地砖时，水泥沙子层有 4cm 的，也有 5cm 的，最厚的地方十几厘米都有，装修公司等到铺得差不多以后，挑一块最厚的地方给业主看，业主就会很吃亏，总不能为了证明装修公司没用这么多水泥沙子，而把地砖全刨掉，所以在地砖铺设的时候，业主最好在一旁监工。

228 铺陶瓷地砖施工中弹线的方法

铺砖的形式一般有“一字形”“人字形”和“对角形”等铺法。弹线时在房间纵横或对角两个方向排好砖，其接缝间隙的宽度应不大于 2mm。当排到两端边缘不合整砖时，量出尺寸，将整砖切割成镶边砖。当排砖确定后，应用方尺规方，每隔 3 ~ 5 块砖在结合层上弹纵横或对角控制线。

229 铺贴陶瓷地砖施工中铺砖的方法

序号	内　容
一	按线先铺纵横定位带，定位带间隔 15 ~ 20 块砖，然后铺定位带内的陶瓷地砖
二	从门口开始，向两边铺贴。也可按纵向控制线从里向外倒着铺
三	踢脚线应在地面做完后铺贴
四	楼梯和台阶踏步应先铺贴踢板，后铺贴踏板，且踏板先铺贴防滑条
五	镶边部分应先铺镶
六	铺砖时，应抹素水泥浆，并按陶瓷地砖的控制线铺贴

230 铺陶瓷地砖施工中压平、拔缝的方法

每铺完一个房间或区域，用喷壶洒水后大约 15 分钟左右用木锤垫硬木拍板按铺砖顺序拍打一遍，不得漏拍，在压实的同时用水平尺找平。压实后，拉通线先竖缝后横缝进行拔缝调直，使缝口平直、贯通。调缝后，再用木锤，拍板拍平。如陶瓷地砖有破损，应及时更换。

231 铺陶瓷地砖施工中嵌缝的方法

陶瓷地砖铺完 2 天后，将缝口清理干净，并刷水湿润，用水泥浆嵌缝。如果是彩色地面砖，则用白水泥或调色水泥浆嵌缝，嵌缝做到密实、平整、光滑，在水泥砂浆凝结前，应彻底清理砖面灰浆，并将地面擦拭干净。

232 铺陶瓷地砖施工中嵌缝的方法

陶瓷地砖铺完 2 天后，将缝口清理干净，并刷水湿润，用水泥浆嵌缝。如果是彩色地面砖，则用白水泥或调色水泥浆嵌缝，嵌缝做到密实、平整、光滑，在水泥砂浆凝结前，应彻底清理砖面灰浆，并将地面擦拭干净。

233 铺好的陶瓷地砖要做好表面的防护措施

对于刚铺好的地砖，必须用瓷砖的包装箱（最好是防雨布）将铺好的砖盖好，防止沙子磨伤砖面，或者装修时使用的涂料油漆以及胶水滴在砖上，污染砖面。

234 玻化砖铺设时要先检查有无打蜡

如果没有的话，必须经过打蜡后再施工。在施工时要求施工的工人将橡皮锤用白布包裹后再使用，防污性能不好的橡皮锤敲打砖面会留下黑印。

235 地面瓷砖、石材的铺设时间

地面石材、瓷质砖铺装是技术性较强、劳动强度较大的施工项目。一般地面石材的铺装，在基层地面已经处理完、辅助材料齐备的前提下，每个工人每天铺装 $6m^2$ 左右。如果加上前期基层处理和铺贴后的养护，每个工人每天实际铺装 $4m^2$ 左右。地面瓷质砖的铺装工期比地面石材铺装略少一天。如果地面平整，板材质量好、规格较大，施工工期可以缩短。在成品保护的条件下，地面铺装可以和油漆施工、安装施工平行作业。

236 石材地面施工所需要的材料

① 石材品种、规格应符合设计、技术等级、光泽度、外观质量要求，同时应符合国家规定的石材放射性标准的规定。

② 水泥采用硅酸盐水泥、普通硅酸盐水泥或矿渣硅酸水泥，其强度等级不宜小于 42.5 级，勾缝用白色硅酸盐水泥，其强度等级也不应小于 42.5 级。

③ 砂子采用中砂或粗砂，其含泥量不应大于 3%。

237 石材地面施工的作业条件

序号	内　容
一	石材进场后，应侧立堆放在室内，光面相对、背面垫松木条，并在板下加垫木方。详细核对品种、规格、数量等是否符合设计要求，有裂纹、缺棱、掉角、翘曲和表面有缺陷时，应予剔除

续表

序号	内　容
二	室内抹灰（包括立门口）、地面垫层、预埋在垫层内的电管及穿通地面的管线均已完成
三	房间内四周墙上弹好 +50cm 水平线
四	施工操作前应画出铺设地面的施工大样图
五	冬期施工时操作温度不得低于 5 摄氏度

238 石材地面施工的注意事项

序号	内　容
一	基层处理要干净，高低不平处要先凿平和修补
二	基层应清洁，不能有砂浆，尤其是白灰砂浆灰、油渍等，并用水湿润地面
三	铺贴前将板材进行试拼，对花、对色、编号，以使铺设出的地面花色一致
四	石材必须浸水阴干，以免影响其凝结硬化，发生空鼓、起翘等问题
五	铺装石材、瓷质砖时必须安放标准块，标准块应安放在十字线交点，对角安装
六	铺装时要每行依次挂线，石材必须浸水湿润，阴干后擦净背面
七	石材地面铺装后的养护十分重要，安装 24 小时后必须洒水养护
八	铺装完后覆盖锯末养护，2~3 天内不得上人

239 铺贴天然石材的施工步骤

天然石材是指从天然岩体中开采出来的，并经加工成块状或板状材料的总称。建筑装饰用的天然石材主要有花岗岩和大理石两大种。石材的品种、规格应符合设计、技术等级、光泽度、外观质量要求，同时应符合国家规定的石材放射性标准的规定。铺天然石材的施工步骤如下：

基层处理 → 弹控制线 → 标筋 → 铺贴 → 养护 → 打蜡

240 铺天然石材施工中弹控制线的方法

① 根据墙面的 50 线在四周墙上弹楼（地）面建筑标高线，并测量房间的实际长、宽尺寸，按板块规格加 1mm 灰缝，计算长、宽方向应铺设的板块数。地面基层上弹通长框格板块标筋或十字通长板块标筋两种铺贴方法的控制线。

② 第一种从房间门口弹通向室内的控制线，再弹沿墙体周边线与第一条线连成正方形或长方形的框格控制线；第二种在房间中心弹十字线并与室外连通。弹线后，二种分别做结合层水泥找平。

241 铺天然石材施工中标筋的方法

按控制线铺一条宽于板块的湿砂带，拉建筑标高线，在砂带上按设计要求的颜色、花纹、图案、纹理等编排成块，试排确定后，逐一编号，并码放整齐。试铺中，应根据排布编号的板块逐一铺贴，然后用木拍板和橡胶锤敲击平实。

每铺一条，应拉线检查板块的建筑标高、方正度、平整度、接缝高低和缝隙的宽度，经调整符合施工规范规定后做板块的铺贴标筋。

242 铺天然石材施工中试排的方法

在房间内的两个相互垂直的方向铺两条干砂，其宽度大于板块宽度，厚度不小于 3cm。结合施工大样图及房间实际尺寸，把大理石（或花岗石）板块排好，以便检查板块之间的缝隙，核对板块与墙面、柱、洞口等部位的相对位置。

243 铺天然石材施工中灌缝、擦缝的方法

在板块铺砌后 1 ~ 2 天进行灌浆擦缝。根据大理石（或花岗石）颜色，选择相同颜色矿物颜料和水泥（或白水泥）拌和均匀，调成 1 ： 1 稀水泥浆，用浆壶徐徐灌入板块之间的缝隙中（可分几次进行），并用长把刮板把流出的水泥浆刮向缝隙内，至基本灌满为止。灌浆 1 ~ 2 小时后，用棉纱团蘸原稀水泥浆擦缝与板面擦平，同时将板面上水泥浆擦净，使大理石（或花岗石）面层的表面洁净、平整、坚实，以上工序完成后，面层加以覆盖。养护时间不应小于 7 天。

PART 7

吊顶工程

吊顶施工根据不同的造型设计、不同的材料使用，可产生多种的施工方式。常规的吊顶如轻钢龙骨吊顶、木龙骨吊顶，厨卫空间的集成吊顶、PVC 扣板吊顶等，分别有不同的施工技巧。轻钢龙骨吊顶施工相比木龙骨吊顶施工更加的容易，并且有防潮、防火的优点，木龙骨则可适应多种不同的吊顶造型。

244 顶面板用量的算法

① 顶面板用量 =（长 - 屏蔽长）×（宽 - 屏蔽宽）

② 例如，以净尺寸面积计算出 PVC 塑料顶棚的用量。PVC 塑胶板的单价是 50.81 元 /m^2，屏蔽长、宽均为 0.24m，顶棚长为 3m，宽为 4.5m，则用量如下：

顶面板用量 =（3 - 0.24）×（4.5- 0.24）约等于 11.76m^2。

245 吊顶施工的注意事项

现在室内装修吊顶工程中，大多采用的是悬挂式吊顶，首先要注意材料的选择；再者就要严格按照施工规范操作，安装时，必须位置正确，连接牢固。用于吊顶、墙面、地面的装饰材料应是不燃或难燃的材料，木质材料属易燃型，因此要做防火处理。吊顶里面一般都要敷设照明、空调等电气管线，应严格按规范作业，以避免产生火灾隐患。

吊顶内部的电线排布，最好也用穿线管连接，在每一处灯具接口则留有接线软管，这样可以更好的避免火灾的发生。

246 木龙骨石膏板吊顶施工步骤

木龙骨骨架是吊顶工程中常用的材料，但如果前期的施工不规范，会严重影响美观效果，甚至还可能影响居住者的安全。所以施工时业主应特别注意。木龙骨石膏板吊顶的施工步骤如下：

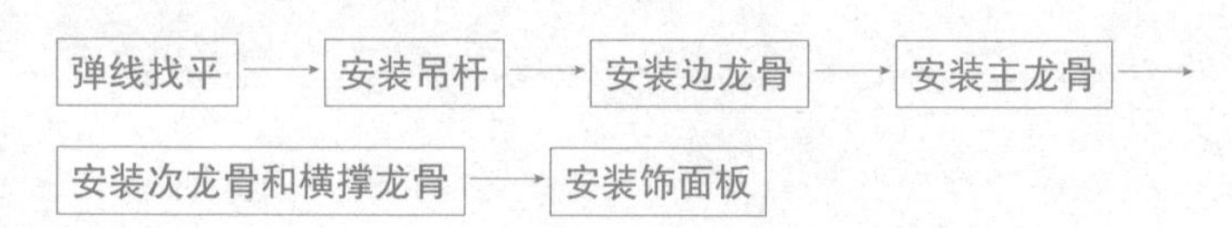

247 木龙骨吊顶施工中弹线找平的方法

序号	内　容
一	弹线应清晰，位置准确无误
二	在吊顶区域内，根据顶面设计标高，沿墙面四周弹出吊点位置和复核吊点间距
三	在弹线前应先找出水平点，水平点距地面为 500mm，然后弹出水平线，水平线标高偏差不应大于 ±5mm，如墙面较长，则应在中间适当增加水平点以供弹出水平线
四	从水平线量至吊顶设计的高度，用粉线沿墙（柱）弹出定位控制线，即为次龙骨的下皮线
五	按照图纸，在楼板上弹出主龙骨的位置，主龙骨应从吊顶中心向两边分，最大间距为 1000mm，并标出吊杆的固定点，间距为 900 ~ 1000mm。如遇到梁和管道固定点大于设计和规程要求的，应增加吊杆的固定点

248 木龙骨吊顶施工中安装次龙骨和横撑龙骨的方法

序号	内　容
一	次龙骨应紧贴主龙骨安装。次龙骨间距为 300 ~ 600mm
二	用 T 形镀锌铁片连接件把次龙骨固定在主龙骨上时，次龙骨的两端应搭在 L 形边龙骨的水平翼缘上
三	墙上应预先标出次龙骨中心线的位置，以便安装饰面板时找到次龙骨的位置
四	当用自攻螺钉安装板材时，板材接缝处必须安装在宽度不小于 40mm 的次龙骨上。而且次龙骨不得搭接。同时在通风、水电等洞口周围应附加龙骨，附加龙骨的连接用抽芯铆钉锚固

续表

序号	内　　容
五	横撑龙骨应用连接件将其两端连接在通长龙骨上。龙骨之间的连接一般采用连接件连接，有些部位可采用抽芯铆钉连接
六	全面校正次龙骨的位置及平整度，连接件应错位安装

TIPS

如果木龙骨吊顶龙骨的拱度不均匀，可利用吊杆或吊筋螺栓的松紧调整龙骨的拱度。如果吊杆被钉劈而使节点松动时，必须将劈裂的吊杆更换。如果吊顶龙骨的接头有硬弯时，应将硬弯处的夹板起掉，调整后再钉牢。

249 防止纸面石膏板接缝开裂的方法

为防止纸面石膏板开裂，首先要清除缝内的杂物，当嵌缝腻子初凝时，需要再刮一层较稀的，厚度应掌握在1mm左右，随即贴穿孔纸带，纸带贴好后放置一段时间，待水分蒸发后，在纸带上再刮一层腻子，把纸带压住，同时把接缝板面找平。

TIPS

纸面石膏板吊顶容易出现的问题主要是在吊顶竣工后半年左右，纸面石膏板接缝处开始出现裂缝。解决的办法是石膏板吊顶时，要确保石膏板在无应力状态下固定。龙骨及紧固螺钉间距要严格按设计要求施工；整体满刮腻子时要注意，腻子不要刮得太厚。

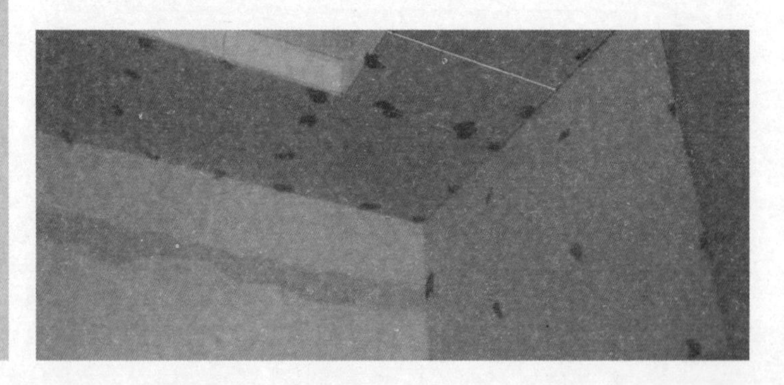

250 木龙骨吊顶施工中安装次龙骨和横撑龙骨的方法

序号	内　容
一	固定时应在自由状态下固定，防止出现弯棱、凸鼓的现象；还应在顶面四周封闭的情况下安装固定，防止板面受潮变形。纸面石膏板的长边（即包封边）应沿纵向次龙骨铺设
二	自攻螺钉至纸面石膏板的长边的距离以 10 ~ 15mm 为宜；切割的板边以 15 ~ 20mm 为宜
三	自攻螺钉的间距以 150 ~ 170mm 为宜，板中螺钉间距不得大于 200mm。螺钉应与板面垂直，已弯曲或变形的螺钉不允许使用。如在使用中造成螺钉弯曲、变形，应及时剔除，并在相隔 50mm 的位置另外安装螺钉
四	螺钉的钉头应略埋入板面，但不得损坏板面，钉眼应做防锈处理并用石膏腻子抹平
五	纸面石膏板与龙骨固定，应在一块板的中间和板的四边进行固定，不允许多点同时作业
六	在安装双层石膏板时，面层板与基层板的接缝应错开，不允许在一根龙骨上接缝

251 轻钢龙骨石膏板吊顶施工步骤

轻钢龙骨吊顶，就是我们经常看到的天花板，特别是造型天花板，都是用轻钢龙骨做框架，然后覆上石膏板做成的。它的特点就是比较轻，但是强度又很大。轻钢龙骨石膏板吊顶施工步骤如下：

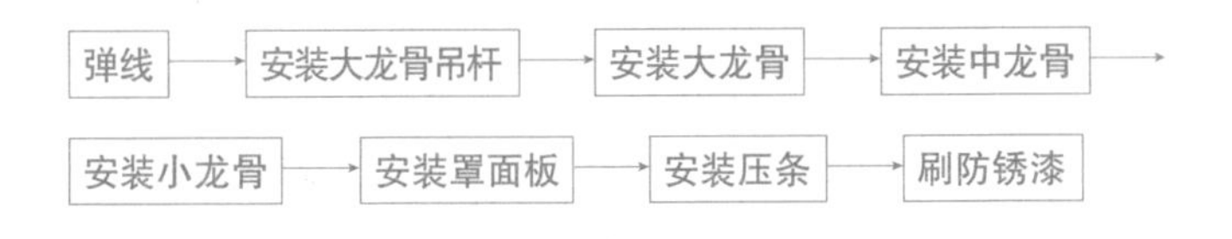

252 轻钢龙骨石膏板吊顶的主要材料

序号	内　容
一	轻钢骨架分U形骨架和T形骨架两种，并按荷载分上人和不上人两种
二	轻钢骨架主件为大、中、小龙骨；配件有吊挂件、连接件、挂插件等
三	零配件：吊杆、花篮螺钉、射钉、自攻螺钉等
四	可选用各种罩面板、铝压缝条或塑料压缝条
五	胶粘剂，应按主材的性能选用，使用前做黏结试验

253 轻钢龙骨石膏板吊顶需要的作业条件

序号	内　容
一	结构施工时，应在现浇混凝土楼板或预制混凝土楼板缝，按设计要求间据，预埋 ϕ 6~ ϕ 10 钢筋混吊杆，设计无要求时按大龙骨的排列位置预埋钢筋吊杆，一般间距为900~1200mm
二	当吊顶房间的墙柱为砖砌体时，应在吊顶的标高位置沿墙和柱的四周，砌筑时预埋防腐木砖，沿墙间距900~1200mm，柱没每边应埋设木砖两块以上
三	安装完顶面各种管线及通风道，确定好灯位，通风口及各种露明孔口位置
四	各种材料全部配套备齐
五	吊顶罩面板安装前应做完墙，地湿作业工程项目
六	搭好吊顶施工操作平台架子

续表

序号	内　容
七	轻钢骨架吊顶在大面积施工前，应做样板间，对吊顶的起拱度，灯槽，通风口的构造处理，分块及固定方法等应当试装并经鉴定认可后方可大面积施工

254 轻钢龙骨石膏板吊顶弹线的方法

根据楼层标高线，用尺竖向量至顶面设计标高，沿墙（柱）四周弹顶面标高，并沿顶面的标高水平线，在墙上划好分档位置线。

255 轻钢龙骨石膏板吊顶施工中安装大龙骨的方法

序号	内　容
一	配装好吊杆螺母
二	在大龙骨上预先安装好吊挂件
三	安装大龙骨，将组装吊挂件的大龙骨，按分档线位置使吊挂件穿入相应的吊杆螺母，拧好螺母
四	大龙骨相接，装好连接件，拉线调整标高起拱和平直
五	安装洞口附加大龙骨，按照图集相应节点构造设置连接卡
六	固定边龙骨，采用射钉固定，设计无要求时射钉间距为1000mm

256 轻钢龙骨石膏板吊顶施工中安装中龙骨的方法

按已弹好的中龙骨分档线，卡放中龙骨吊挂件；吊挂中龙骨：按设计规定的中龙骨间距，将中龙骨通过吊挂件，吊挂在大龙骨上，设计无要求时，一般间距为 500 ~ 600mm；当中龙骨长度需多根延续接长时，用中龙骨连接件，在吊挂中龙骨的同时相连，调直固定。

257 轻钢龙骨石膏板吊顶施工中安装小龙骨的方法

序号	内　容
一	按已弹好的小龙骨线分档线，卡装小龙骨吊挂件
二	吊挂小龙骨，按设计规定的小龙骨间距，将小龙骨通过吊挂件，吊挂在中龙骨上，设计无要求时，一般间距在 500 ~ 600mm
三	当小龙骨长度需多根延续接长时，用小龙骨连接件，在吊挂小龙骨的同时，将相对端头相连接，并先调直后固定。当采用 T 型龙骨组成轻钢骨架时，小龙骨应在安装罩面板时，每装一块罩面板先后各装一根卡档小龙骨

258 轻钢龙骨石膏板吊顶施工中安装罩面板的方法

在已装好并经验收的轻钢骨架下面，按罩面板的规格，拉缝间隙进行分块弹线，从顶面中间顺中龙骨方向开始先装一行罩面板，作为基准，然后向两侧分行安装，固定罩面板的自攻螺钉间距为 200 ~ 300mm。

面板安装前应对安装完的龙骨和面板板材进行检查，板面平整，无凹凸，无断裂，边角整齐。安装罩面板应与墙面完全吻合，有装饰角线的可留有缝隙，罩面板之间接缝应紧密。

259 轻钢龙骨石膏板吊顶施工中刷防锈漆

轻钢骨架罩面板顶面，焊接处未做防锈处理的表面（如预埋，吊挂件，连接件，钉固附件等），在交工前应刷防锈漆。此工序应在封罩面板前进行。

260 木骨架罩面板吊顶施工步骤

木骨架罩面板中木材骨架料应为烘干，无扭曲的红白松树种，不得使用黄花松。木龙骨规格按设计要求，如设计无明确规定时，大龙骨规格为50mm×70mm或50mm×100mm，小龙骨规格为50mm×50mm或40mm×60mm，吊杆规格为50mm×50mm或40mm×40mm。罩面板材及压条：按设计选用，严格掌握材质及规格标准。具体的施工步骤如下：

顶面标高弹线水平 → 划龙骨分档线 → 安装水电管线设施 → 安装大龙骨 → 安装小龙骨 → 防腐处理 → 安装罩面板 → 安装压条

261 木骨架罩面板吊顶施工的作业条件

序号	内容
一	顶面各种管线及通风管道均安装完毕并办理手续

续表

序号	内　容
二	直接接触结构的木龙骨应预先刷防腐漆
三	吊顶房间需完成墙面及地面的湿作业和台面防水等工程
四	搭好吊顶施工操作平台架

262 木骨架罩面板吊顶施工中安装大龙骨的方法

将预埋钢筋弯成环形圆钩，穿 8 号镀锌铁丝或用 ϕ6 ~ ϕ8 螺栓将大龙骨固定，并保证其设计标高。吊顶起拱按设计要求，设计无要求时一般为房间跨度的 1/300 ~ 1/200。

263 骨架罩面板吊顶施工注意事项

序号	内　容
一	木骨架的制作应准确测量顶面尺寸
二	龙骨应进行精加工，表面刨光，接口处开槽，横、竖龙骨交接处应开半槽搭接，并应进行阻燃剂涂刷处理
三	其他要点与轻钢龙骨石膏板吊顶一致

264 木骨架罩面板吊顶施工中安装小龙骨的方法

序号	内　容
一	小龙骨底面刨光、刮平、截面厚度应一致
二	小龙骨间距应按设计要求，设计无要求时，应按罩面板规格决定，一般为 400 ~ 500mm

续表

序号	内　容
三	按分档线先定位安装通长的两根边龙骨，拉线后各根龙骨按起拱标高，通过短吊杆将小龙骨用圆钉固定在大龙骨上，吊杆要逐根错开，不得吊钉在龙骨的同一侧面上
四	通长小龙骨对接接头应错开，采用双面夹板用圆钉错位钉牢，接头两侧量少各钉两个钉子
五	安装卡档小龙骨，可按通长小龙骨标高，在两根通长小龙骨之间，根据罩面板材的分块尺寸和接缝要求，在通长小龙骨底面横向弹分档线，以底找平钉固卡档小龙骨

265 骨架罩面板吊顶施工中固定罩面板的方式

在吊顶施工中，很多工人在固定罩面板时，会采用胶粘或者排钉方法，虽然操作简单，但是从固定的效果上看，这两种方式都不是很理想，最好的办法是用自攻螺钉进行固定。相对而言，自攻螺钉能够将罩面板牢固地固定在龙骨上，防止罩面板因为后期的各种因素，如热胀冷缩、空气湿度变化等造成罩面板松动脱落。

266 吊顶时要对龙骨做防火、防锈处理

在施工中应严格要求对木龙骨进行防火处理，并要符合有关防火规定；对于轻钢龙骨，在施工中也要严格要求对其进行防锈处理，并符合相关防锈规定。

如果一旦出现火情，火是向上燃烧的，吊顶部位会直接接触到火焰。因此如果木龙骨不进行防火处理，造成的后果不堪设想；由于吊顶属于封闭或半封闭的空间，通风性较差且不易干燥，如果轻钢龙骨没有进行防锈处理，很容易生锈，影响使用寿命，严重的可能导致吊顶坍塌。

267 吊顶变形开裂的处理方法

湿度是影响纸面石膏板和胶合板开裂变形最主要的环境因素。在施工过程中存在来自各方面的湿气，使板材吸收周围的湿气，而在长期使用中又逐渐干燥收缩，从而产生板缝开裂变形。因此在施工中应尽量降低空气湿度，保持良好的通风，尽量等到混凝土含水量达到标准后再施工。在进行表面处理时，可对板材表面采取适当封闭措施，如滚涂一遍清漆，以减少板材的吸湿。

268 吊顶的吊杆布置应合理

在布置吊杆时，应按设计要求弹线，确定吊杆的位置，其间距不应大于1.2m；且吊杆不能与其他设备的吊杆混用，当吊杆与其他设备相遇时，应视情况酌情调整并增加吊杆数量。

如果吊杆间距的布置不合理，造成间距过大，或者在与设备相遇时，取消吊杆，造成受力不均匀，很容易出现吊顶变形甚至坍塌，存在严重的安全隐患。

269 处理藻井式吊顶龙骨问题的方法

序号	内　容
一	龙骨松动。主要原因是固定不紧密，小龙骨连接长向龙骨和吊杆时，接头处最少应钉两个钉子，可同时辅以乳胶液黏结，提高连接强度
二	龙骨底面扭曲不平整。主要原因是小龙骨安装不正，卡档龙骨与小龙骨开槽位置不准，应进行返工，重新调整、安装
三	龙骨起拱、下沉。由施工时尺寸测量不准所致，应进行返工重装。龙骨起拱应控制在房间跨度的1/200以内

270 藻井式吊顶所需要的工期

藻井式吊顶是工序复杂、技术要求较高的工程项目，其施工时间也较长，一般大约需要12天时间，其中木工制作需要6天时间，电工安装1天，涂刷、裱糊3天，工艺等待时间2天。

若是安装有实木方柱的藻井式吊顶，工期则需要计算出实木方柱的定做时间，以提前定制。

271 木格栅吊顶需要的工期

木格栅吊顶 15m^2 左右，从备料开始到完工交活，需要 10 天左右时间，其中加工制作龙骨架 2 天，备料、安装 2 天，饰面装饰 3 天，其他为工艺等待时间，可以与其他木工装修交叉或平行作业。工期依结构的方正程度、使用材料不同会有所变化。

272 阳台吊顶比刷漆好

阳台顶面施工时，一般以铝扣板或 PVC 板吊顶为主较好。因为阳台的通风性较强，可能还会种植植物、放置洗衣机或晾晒衣物，总体来说，湿气比较大，特别是在冬天，如果是漆面的话，很可能会破坏顶面漆。

273 集成吊顶的安装方法

集成吊顶是金属方板与电器的组合，分取暖模块、照明模块和换气模块。具有安装简单，布置灵活，维修方便，成为卫浴间、厨房吊顶的主流。

序号	内　　容
一	精确测量安装面积，做好安装准备
二	卫浴间出气孔需安装前打好，需要挂窗帘盒的地方需要提前挂好，油烟机的管道需预埋，确定油烟机的开孔位置，有电热水器的业主需提前装好
三	安装收边线
四	打膨胀螺丝钉，悬挂吊杆。务必采用 ϕ8 个的吊杆才能保证整体的牢固性
五	安装吊钩，吊顶装轻钢龙骨、三角龙骨
六	将扣板压入三交龙骨缝中，确定互相垂直，要保证横竖一条线
七	安装电器，安装电器完毕后如有电源接通的话，要现场试机，切忌电工私自改变浴霸的线路，否则会引起浴霸烧坏
八	玻璃胶封边，整体调校

TIPS

在安装集成吊顶之前要确定需要安装的地方没有漏水的现象，保证电路等基础设施的通畅；预测一下安装之后房间的高度便于边角线的安装；检查一下需安装的地方强度如何，如果强度不符合要求则需要采取加固措施。

274 集成吊顶六根螺杆的安装细节

① 根据量好的尺寸，在天花板上砖孔旋入膨胀管螺杆，注意吊顶与屋顶之间的夹层高度不小于 25cm，螺杆必须垂直于天花板，并且固定牢，6 根螺杆之间保持平行。

② 在天花板平均取六个点用电锤打孔（不要影响电器的安装）。量取顶到边角线的距离，截取与实际距离短 8-10cm 的螺杆，其中一边拧上一个螺母再旋上膨胀螺栓（螺杆露出大约 3mm），另一边旋入螺母，套上主龙骨吊件，再旋入一颗螺母固定。

③ 将膨胀螺栓与螺杆连接处敲入所打孔内，将大吊顶与直径 6mm 的螺杆连接，将螺母旋入螺杆，然后套入大吊件，再旋入螺母，以此类推即可。

275 集成吊顶龙骨的安装细节

龙骨安装非常重要，龙骨安装好了扣板和电器安装也就会顺利很多。

① 比试各大吊件的大小，将主龙骨卡在吊件上，截取所需要的尺寸，卡入后注意保持主龙骨的平行。

② 将三角吊件套进三角龙骨，依次固定在主龙骨上，固定三角龙骨之前把各龙骨之间距离调为 300mm。在扣板前排好抽油烟机的出风口管道，如不安装抽油烟机，则不需要。

③ 具体方法为：在安装长度上减去 5mm 然后截取所需的三角龙骨。三角吊件套入三角龙骨后，将三角吊件卡在主龙骨上。注意卡在同一根主龙骨上的三角龙骨吊件，卡向要相反，这样后面继续安装时才不会摆动。

276 集成吊顶电器的安装细节

① 将卡簧的一边插入箱体的安装卡簧上的圆孔里，用机螺插入电器箱体上的圆孔并锁紧。将装好卡簧的箱体放到龙骨上，四个卡簧的开口槽对准三角龙骨依次按下，将电器箱体牢固地锁在三角龙骨上。

② 接下来打开接线盒，根据相应的功能按接线标签进行连接，然后安装好开关测试是否通电，通电后盖上接线盒。

③ 最后整体检查一下扣板是否平整，电器是否能正常使用等情况，到这里集成吊顶的安装就基本完成了。

277 厨卫集成吊顶安装前的准备工作

水管、煤气管等管道处理好，检查是否有漏水、漏电现象。燃气热水器开通安装好，油烟机可以先不安装，但是油烟机的软管与烟道固定好。油烟机位置确定好，以便安装集成吊顶的时候开孔。把自购的射灯、浴霸等需要开孔的电器产品准备好、一般安装集成吊顶都提供免费开孔服务，客户自购传统浴霸需用的木架由客户自己负责，如需吊顶公司安装浴霸并安装木架，需要另外收费。安装时房东要确保有通电的电源和梯子或者木工桌架，以便打孔和登高作业。

卫生间的淋浴房、浴室柜、马桶最好是在集成吊顶安装好再安装，这个一般都没问题，厨房吊柜是等吊顶安装好再安装，还是先做吊柜框架，这个很多业主都有不同想法。虽然都可行，但要注意先做框架，木工一定要在框架上方订一条横板，可以钉角线用，橱柜门板的最上沿要低于墙砖的最上沿 2cm。

278 厨卫吊顶工程需要注意的事项

① 使用新材料。在实际的施工进程当中，防水涂料、PVC 板材和铝塑板是在厨房、卫浴间吊顶中常使用的材料。防水涂料在施工中，有施工方便造价比较低，色彩多样的特点，但装饰效果也一样，在长期使用之后，有局部脱落与褪色的现象发生，性能也较不稳定，目前已很少使用，在吊顶型材中属于过渡性产品。而近年来渐渐兴起的材料是铝合金吊顶，色彩艳丽且不褪色，防火，环保无污染。

② 排风排湿系统。施工过程中更为主要的还有排风排湿系统的设置，使室内的潮湿空气得到及时的排放，一方面是能保护好吊顶材料及其结构，也能有效保护厨房及卫浴间内日益增加的电器设备，更为清洁工作提供了更多的方便。

279 保证厨、卫扣板吊顶平整的方法

序号	内　容
一	测定吊顶位置的水平点，确定吊顶的高度，墙面四周用线条收边。为防止漏水，不能破坏上层防水，因此不能向顶面上打膨胀螺栓，所以主龙骨只能固定在墙壁上，主龙骨用 4cm × 6cm 的木方固定在墙体上，主龙骨的间距 500~600mm，两端尽量靠边
二	把次龙骨以 300~500mm 间距固定在主龙骨上，安正次龙骨的水平度，再上扣板，这样才能保证厨房、卫浴间扣板吊顶平整

PART

8

木作工程

木作施工主要包括室内空间的衣柜制作、鞋柜制作、书柜制作及其他类小项目的现场木制作。像这类施工项目根据柜体样式设计的不同，其施工方式与技巧有很大的差别。如衣柜的制作需要考虑安装门板，而敞开式的书柜则不需要考虑这点。鞋柜制作更多的是考虑其安装位置的高度与进深，这直接的关系到摆放鞋的便捷性。

280 常用的木工板材

种类	用 途
大芯板（细木工板）	厚度 18mm、厚度 15mm，做各种造型、门、门套等使用最频繁。15mm 的用在柜体的门上，一层 15mm 加两张 3mm 面板为 21mm 左右
九厘板	厚度 9mm（一般不足 9mm），做门套裁口、柜体背板
澳松板	厚度 3mm 贴在基层板上，直接在上面做白漆的板子
欧松板	厚度 18mm，做基层用（门套、衣柜等），也有人直接在上面刷清漆
木龙骨	规格：30mm × 40mm 最多见，做吊顶用，墙面造型
木线条	根据用途有多种规格
基本淘汰的材料	三合板、榉木板等

281 木质饰面板的施工步骤

木质饰面板，全称装饰单板贴面胶合板，它是将天然木材或科技木刨切成一定厚度的薄片，黏附于胶合板表面，然后热压而成的一种用于室内装修或家具制造的表面材料。具体施工步骤如下：

弹线分隔 → 拼装骨架 → 钉木楔 → 安装木龙骨架 → 铺钉罩面板

282 木质饰面板的弹线分隔的方法

木质饰面板施工中，弹线分格是根据轴线、50 线和设计图纸，在墙面上弹出木龙骨的分格、分档线。其中，龙骨的规格大小和间距是根据木饰面板的分格大小和重量，通过计算确定的。

283 木质饰面板拼接骨架的方法

木质饰面板施工中，拼装骨架是指木墙身的结构一般情况下采用 25mm×30mm 的木方。先将木方排放在一起刷防火涂料及防腐涂料，然后分别加工出凹槽榫，在地面上拼装成木龙骨架。其方格网规格通常是 300mm×300mm 或 400mm×400mm。对于面积较小的木墙身，可在拼成木龙骨架后直接安装上墙；对于面积较大的木墙身，则需要分几片分别安装上墙。

木质饰面板背景墙：安装固定饰面板需要先用木龙骨打底

284 木质饰面板打木楔的方法

木质饰面板施工中，打木楔是指用 ϕ16~ϕ20 的冲击钻头在墙面上弹线的交叉点位置钻孔，孔距为 600mm 左右、深度不小于 60mm。钻好孔后，随即打入经过防腐处理的木楔。

285 木质饰面板施工中安装木龙骨架的方法

木质饰面板施工中，安装木龙骨架是指先立起木龙骨靠在墙上，用铅垂线或水平尺找垂直度，确保木墙身垂直。用水平直线法检查木龙骨架的平直度。当垂直度和平直度都达到要求后，即可用钉子将其钉在木楔上。

286 木质饰面板施工中铺钉罩面板的方法

木质饰面板施工中，铺钉罩面板是指按照设计图纸将罩面板按尺寸裁割、刨边。用 15mm 枪钉将罩面板固定在木龙骨架上。如果用铁钉则应使钉头砸扁埋入板内 1mm。且要布钉均匀，间距在 100mm 左右。

木质饰面板背景墙：饰面板缝隙间还需要用玻璃胶密封

287 木质饰面板刷漆的方法

① 用硝基清漆涂刷饰面板表面，每涂刷完一次，待 30 ~ 60 分钟油漆干透后用砂纸再打磨饰面板，然后继续刷第二次底漆，再打磨，依此类

推，在进行饰面板施工前，最少完成三次底漆施工，且不能用不合格的油漆。

② 完成饰面板施工后，再刷两次底漆，然后对钉孔进行补灰施工，要求在 1m 处看不到钉孔（有些装修公司已经采用在贴面板底层涂强力胶水胶合的方法代替打钉，可以达到更佳的装饰效果，也减免了装修中钉孔补灰的工艺，但装饰成本略高）。

288 木质饰面板的存放方法

装饰面板运达施工现场后，存放于通风、干燥的室内，切记注意防潮。在装修使用前需用细砂纸清洁（或气压管吹）其表面灰尘、污质，出厂面板表面砂光良好的，只需用柔软羽毛掸子清除灰尘污垢。

在存放木质饰面板的地面，最好架起一段空间，使木质饰面板离地存放，这样可以有效地延长木质饰面板的存放时间。在木质饰面板的表面，用塑料或薄布罩盖起来，也可以有效减少落在木质饰面上的灰尘。

289 木质饰面板完工后养护的方法

序号	内　容
一	完成施工后，用清水进行饰面打磨 2 ~ 3 次，直至看不到明显涂刷痕迹为止
二	最后进行 3 次硝基面漆施工，用于保护饰面和提高光滑度
三	对完工的贴面板，用纸皮进行保护。不适合在阳光直射及潮湿、干燥（如空调出风口正对面，暖气罩旁等）的地方使用，否则，面板会出现发霉、变色、开裂等现象

290 密度板的施工工艺

密度板分类如下：

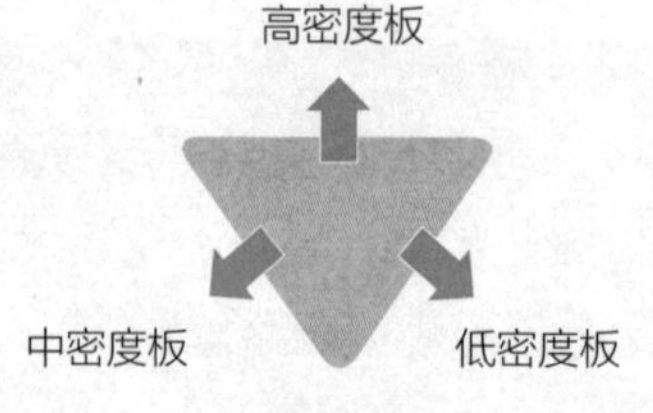

密度板的分类

密度板的使用：

序号	内　　容
一	一般多数采用的是中密度板，也最受家具厂和专业公司（例如厨具公司）的欢迎
二	这种材料依靠机器的压制，现场施工可能性几乎为零
三	木工极少采用密度板来做细木工活，主要依靠构件组合

密度板的缺点：

① 膨胀性大，遇水后，几乎就不能再用。

② 抗弯性能差，不能用于受力大的项目。

291 大芯板的施工工艺

大芯板的施工工艺：

主要采用钉，同时也适用于简单的粘压工艺。

大芯板的使用：

大芯板是目前比较受欢迎的材料，尤其是现场木工师傅。大芯板的芯材具有一定的强度，当尺寸相对较小时，使用大芯板的效果要比其他的人工板材的效果更佳。

大芯板的材质特点：

与现代木工的施工工艺基本上是一致的，其施工方便、速度快、成本相对较低，所以受到许多人的喜爱。

大芯板的缺点：

横向抗弯性能较差，当用于书柜等家具时，因跨度大，其强度往往不能满足承重的要求，解决方法是将书架的间隔缩小。

292 细芯板的施工工艺

细芯板的施工工艺：

细芯板和大芯板一样，主要采用钉接的工艺，同样也可以简单的粘压。

细芯板的使用：

① 细芯板早于大芯板面世，是木工工程中较为传统的材料。

② 细芯板中的九厘板更是很多工程项目的必用材料。

细芯板的材质特点：

细芯板强度大，抗弯性能好，在很多装修项目中，它都能使用。在一些需要承重的结构部位，使用细芯板强度更好。

细芯板的缺点：

其自身稳定性要比其他的板材差，这是由其芯材材料的一致性差异造成的，这使得细芯板的变形可能性增大。所以，细芯板不适宜用于单面性的部位，例如柜门等。

293 实木板的施工工艺

实木板的施工工艺：

实木做法属于传统做法。由于木材种类众多，所以效果上差别很大，但在工艺上均类似。

实木板的使用：

对木工工人的技能要求较高，未经正式训练的木工很难胜任此类工作。实木板材在使用前，应该经过蒸煮杀虫及烘干的处理。未经处理而使用这些木材，会有虫害（主要是白蚁）的隐患。

实木板的材质特点：

实木板材具有抗弯性好、强度高、耐用、装饰效果好等优点。实木做法采用传统工艺，极少使用钉、胶等做法。

294 现场木工制作空芯门的方法

序号	内　容
一	层细木工板开条，做成框架，两面再贴面板或澳松板。特点：隔声性差、表面不平整，重量轻
二	单层大芯板开条，做成框架、两面贴九厘板、贴面板，线条收口；或者单层大芯板开 3cm 条，两面贴五厘板贴面板、木线收口。特点：隔声性稍好，表面较为平整，不易变形

295 现场木工制作实芯门的方法

序号	内　容
一	两张大芯板直接压到一起（开伸缩缝）
二	隔声性最好，重量较重，最好用 3 个铰链，且要双面刻槽

296 现场木工制作鞋柜的方法

序号	内　容
一	根据身高、鞋子的大小等因素确定鞋柜的宽度
二	里面隔板可以做成斜的（可以放下大点的鞋子）
三	鞋柜内部灰比较多，向里斜的隔板，注意在里面留有缝隙（灰可以落到底层）
四	有的人喜欢在柜子里贴壁纸，但贴壁纸容易脏，最好刷油漆或贴塑料软片

297 现场木工制作鞋柜的常用尺寸

种类	用　途
小鞋柜尺寸	小鞋柜一般就是一个人居住的时候用的，比较精致。这种鞋柜一般的尺寸是 602mm × 318mm × 456mm，当然还有比这个更小的尺寸，像 598mm × 516mm × 457mm。在这个尺寸左右的就是一般的单人鞋柜的尺寸标准
大鞋柜尺寸	一般这种鞋柜的尺寸大小是 1347mm × 318mm × 1032mm。还有一种大鞋柜是稍微宽一些的，一般尺寸 1240mm × 330mm × 1050mm
双门鞋柜尺寸	适用于三口之家，这种鞋柜的大小也比较合适。一般这种双门鞋柜的尺寸是 947mm × 318mm × 1032mm，当然也还有其他的一些常见的双门鞋柜尺寸，像 907mm × 318mm × 1021mm。但是相差都不是很大。在购买鞋柜的时候可以根据家居设计选择

298 根据实际情况定制鞋柜尺寸

一般鞋柜尺寸高度不要超过 800mm，宽度是根据所利用的空间宽度合理划分；深度是家里最大码的鞋子长度，通常尺寸在 300~400mm。很多人买鞋，不喜欢把鞋盒丢掉，直接将鞋盒放进鞋柜里面。这样的话，鞋柜尺寸就在380~400mm的深度。在设计规划及定制鞋柜前，一定要先丈量好使用者的鞋盒尺寸作为鞋柜深度尺寸依据。如果还想在鞋柜里面摆放其他的一些物品，如吸尘器、苍蝇拍等，深度则必须在400mm以上才能使用。

TIPS

鞋柜尺寸在最初设计的时候，首先要考虑的是具体的使用情况，与实际的位置。不能太大，太大会影响美观，太小则不够使用，所以说一定要充分考虑清楚。如客厅玄关鞋柜尺寸，并没有固定的标准尺寸，在通常情况下，都是根据客厅空间大小及个人的需求爱好来决定客厅玄关鞋柜的尺寸，正常的家用玄关鞋柜深度在300~320mm，宽度和高度在1000mm左右。层板间距放普通拖鞋在200mm，其他的鞋层板间距在350~400mm即可满足需求。

299 了解木工制作衣柜的区域划分

衣柜的内部结构需要仔细推敲，根据自己的生活习惯，明确各个储藏区域基本区域有：上衣区、大衣区、裤子区、鞋区、被子区、领带、衬衣、内衣区。

300 木工制作衣柜与定制衣柜的制作工艺对比

木工现场打制衣柜：

一般以手工为主，材料多为大芯板、夹板木工板为主。由于柜子为人工现场制作，没有机械设备制作，做工有些粗糙，柜子的连接全部以钉子为主，钉子容易松动，出现钉眼。柜子的封边也都是采用手工封边，密合度及精细度都会欠佳，木工打完后还要现场油漆，这样就避免不了污染，容易把甲醛带到室内。

定制衣柜：

主要采用实木颗粒板、高密度纤维板，双面三聚氰胺贴面。工厂非标化的生产，全自动机器封边，保证了衣柜封边的密合度及精细度，板材环保级别高。

301 木工制作衣柜与定制衣柜的柜体与墙壁连接对比

木工现场打制衣柜：

由于一般墙面不会完全横平竖直，都会有一定的斜度，现场打制家具也可以与墙体紧密结合，做到无缝隙，但另一方面存在柜子不易搬动、固定成型的缺点。

定制衣柜：

一般不会与墙体紧密的结合，墙体与柜体之间用收口板连接更加紧密。整体衣柜上交天花板、石膏线、下交踢脚线，与墙体的连接更加紧密，同时存在易于移动、拆装方便的优点，尽显家居 DIY 的优点。

302 现场木工制作衣柜的注意事项

序号	内　容
一	柜内不见光的收口处采用相应的面板收口，柜门的制作用 15mm 木工板开条，横条间距不超过 15cm，双面贴 3mm 饰面板，正面饰面板挑选整张贴面，木纹必须流畅，美观。面板收口必须平直，接缝密实。各门的收口处必须厚度一致。面板的垂直接口采用 45° 角，接口要涂胶，柜门间的缝隙在 1.5~2.5mm 不许错缝
二	柜子柜架的横、竖面交线必须顺直、接缝密实，防火板不许有崩口，超鼓现象，背板力度要够（五层板加贴内堂板）
三	柜内暗抽屉离柜门要保持 15mm 的空间距离，靠烟斗铰的侧面必须留有足够地拉出空位
四	衣柜外侧面的饰面板接口规定留在下方
五	抽屉滑道轨采用公司统一配送的三节轨，安装三节轨时，统一放在抽屉侧立面的 1／3 以上位置
六	抽屉端板采用自攻螺丝扭紧，丝头不许外露
七	抽屉外侧及底板背面必须满贴内堂板
八	柜内晾衣架的挂框统一采用不锈钢管
九	柜内分格抽屉，格板做成活动的
十	柜内暗抽屉面板与柜门的面板保持一致
十一	柜门烟斗铰安装尺寸标准在同一套房内必须统一
十二	木工框架必须符合受力要求

303 木工制作衣柜的设计技巧

带柜门的柜子：

一张大芯板开条，再压两层面板。错误的施工：一整张大芯板上直接做油漆或贴一张面板，这样容易变形。

买成品移门的柜子：

注意留有滑轨的空间，滑轨侧面还需要做油漆，这样能保证衣柜内的抽屉可以自由拉出（抽屉稍微做高一点，不要让推拉门的下轨挡住）。

衣柜门尺寸：

衣柜门的尺寸，首先看衣柜门的宽度尺寸，平开门尺寸宽度最佳在450~600mm，具体看门数来决定，推拉门尺寸在600~800mm最佳；平开门的高度尺寸在2200~2400mm，超过2400mm可以设计加顶柜。推拉门的高度尺寸与平开门的尺寸一样，需要注意的是，在选择尺寸的时候，要考虑衣柜门的承重力。

整体衣柜深度尺寸：

整体衣柜的进深一般在550~600mm，除去衣柜背板和衣柜门，整个衣柜的深度是在530~580mm，这个深度是比较适合悬挂衣物的，不会因为深度太浅造成衣服的褶皱。挂衣服的空间也不会因此而感觉太狭窄。

整体衣柜可以按照需要进行设计，装进家中后，形成衣柜凹入墙内的感觉，不但里面可以切割成挂衣空间、摆放空间，顶部空间也可以放被褥，或者孩子玩腻的玩具。再通过衣柜推拉门色调的选择，实现和整个居室的装修浑然一体。如果卧室足够大的话，还可以用整体衣柜设计一个步入式衣帽间，外面设置一个颇具风格的推拉门，一个私有空间就这样制造完毕。

现场木工制作书柜的方法

序号	内　容
一	书柜上面要有足够的空间，放一些小书和大书（有的报刊、画册比较大），根据自己的习惯确定电脑的键盘放在桌面还是键盘抽屉

续表

序号	内　容
二	书房中的电器比较多，最好装一个插座，再分出一个排插
三	桌子上要有穿孔，这样电脑显示器的线、键盘线、音箱线、台灯线能塞到下面去

305 现场木工制作书柜的注意事项

序号	内　容
一	用大芯板做结构，如果柜的长度、高度超过 2.4m 时，竖板横板分别用两张柜门九厘板重叠，以保证跟大芯板的厚度一致
二	将开好的结构板用刨子将边刨平，并用砂纸打掉毛刺，按照图纸做好结构，用码钉将九夹板钉上做背板（特殊情况除外）
三	柜子线条收口和侧面饰面时，应注意柜子两侧饰面板的高度和几个面向的线条收口的高度一致，以免从柜子侧面看上去有高度差
四	柜门骨架用优质九厘板 60mm 条，双面错位抽槽，槽间距离为 150mm。九厘板横向净空距离为 2 00mm，其接口缝隙不超过 1mm，将九厘板条双面均匀涂上乳白胶，凡未达到上述要求的，木工班赔偿材料
五	柜门外侧刷清漆，则外侧压饰面板和三夹板，内侧压两层三夹板，外面刷清漆，里面刷内部漆（贴玻音软片的先刷完内部清漆后再贴）。用线条收口
六	柜门双面刷有色漆，双面压两层三夹板，不用线条收口
七	柜门是中间嵌玻璃，且内外均喷有色漆，内外侧均用整张三夹板挖空

306 木作柜门的压制与放置

柜门应放在预制好的平台上，加外压力 100kg 以上且受力均匀（可考虑用简单夹具），并隔 3 天翻边再压。压制时间夏天为 7 天以上，冬季为 10 天以上。并在纸条上注明压制、翻边的时间，且压制好以后的柜门不可斜放，不可受潮，以免变形。

307 木作抽屉的施工工艺

抽屉用优质 15cm 大芯板做框，600cm×600cm 以内 5 夹板做底板（超大的用九厘板做底板），15cm 白木线条拼角收四边框口，用大芯板加饰面板做抽屉面（在侧面看不到拼缝，抽屉面板与柜架接缝不超过 1mm）。清漆型的用相应线收口，色漆型的不用线条收口，抽屉宽度应比结构窄 2.5mm，采用三节无声抽屉轨，用 ϕ 3×12 自攻螺钉安装，每个抽屉 12 粒。如抽屉为柜门内抽屉，下方未提高 30mm，不能安装磁碰，木工班返工，并赔偿材料。每个抽屉在验收前都应把抽屉轨道上的灰等清除干净，并上一点机油，以保证推拉灵活。

308 木作家具收口工艺用材

家具一律采用相应宽度 5mm 厚的平板实木线条收边，在线条的交汇处，一定要将一个方向的线条收口处理平整后，再收其他方向的线条，收口时为了保证线条与饰面板接缝严密须将饰面板比其基层结构高 0.5~1mm，再用线条压住。凡线条低于饰面板的，均须返工，材料由木工班赔偿。凡线条收口在刨平线条时将饰面板刨坏的，木工班返工并赔偿材料。≥ 30mm 的线条不能涂满胶，只能两边刷胶；≥ 50mm 的，还要在背面中间抽槽。

309 现场家具制作需注意的问题

看外观：

因为现场制作的家具要与其他家具的颜色、质地、图案等搭配和谐，所以，它们的饰面材料、油漆技术等要基本相同。首要看表面漆膜是不是滑润、光亮，有无流坠、气泡、皱纹等质量缺陷；还要看饰面板的色差是不是大，斑纹是不是统一，有没有腐蚀点、死节、破残等；各种人造板部件封边处理是不是严密平直、有无脱胶，表面是不是光滑平坦、有无磕碰。

看技术：

现场制作的家具，每个连接点，包含水平、竖直之间的连接点不能有缝隙，不能松动。抽屉和柜门应开闭灵敏，回位正确。玻璃门周边应抛光整齐、开闭灵敏，无崩碴、划痕，四角对称，扣手方位规矩。各种塞角、压栏条、滑道的安装应方位正确、平实牢固。

看布局：

查看定制家具的布局是不是合理，结构是不是规矩、牢固。用手轻轻推一下家具，若是呈现晃动或发出吱吱嘎嘎的响声，说明布局不牢固。要查看家具的笔直度：当平面对角线长度大于 1m 时，竖直方向差错应小于 1.5mm；小于 1m 时，差错应在 1mm 以下；还要查看它的翘曲度：当平面对角线长度大于 1.4m 时，翘曲度应小于 2mm，当对角线长度小于 0.7m 时，翘曲度应小于 0.5mm。

看尺度：

定制家具不光要漂亮，更重要的是实用。要查看家具的尺度是不是契合人体工程学原理，是不是契合规定的尺度。

310 玄关家具的设计要求

序号	内　容
一	小鞋柜可以做成可活动式的，将来往家里搬家具，可以挪开，比较方便
二	比较大型的鞋柜，在制作的时候就要把鞋柜固定在墙面，从而保证造型与墙面之间无缝隙及保证顶部造型的承重
三	换鞋要方便、要有抽屉（放钥匙等小东西）、有放雨伞的位置、最好再有个镜子（出门时可照一下镜子）、还可以设一个挂衣服的钩
四	家里有老人的还要设一个墩，坐在墩上换鞋会方便些
五	玄关家具可设计成一体化的样式。即下面的空间设计成鞋柜，上部的空间设计成衣柜，中间空出 300mm 的空间摆放钥匙等常用物品

311 木作装饰柜施工流程及内容

种类	用　途
检查材料	合格的方能使用，并让木工师傅计算出大概的材料用量 ① 饰面板的选择使用：柜门饰面板应色差小，检查板面有无瑕疵、损坏 ② 收口线条挑选使用：色泽均匀，无明显缺陷

续表

种类	用　途
套裁下料	① 组合基层框架后检查精度：垂直度≤ 2m，水平误差≤ 1mm，翘曲度≤ 2mm ② 柜门分隔处，柜内横撑木工板应采用双层加固，以使受力均匀，避免变形
检查框架尺寸	确定主要尺寸与图纸无误。柜子背板使用九厘板加固，使用码钉或钢钉固定
粘贴饰面板	① 柜内铺贴实木饰面板时，先进行清洁、打磨后以白乳胶或万能胶粘贴，再用少许蚊钉固定 ② 接缝应均匀、整齐，柜类所有木作的固定，连接处必须使用白乳胶再用钉子固定
门扇制作	① 选择木工板开条使用或整板交叉开槽 ② 双面饰面板挑选整张面板贴面，木纹应顺直、美观 ③ 清理门扇四面，检查几何尺寸，对角线及四周边误差≤ 1mm ④ 门扇周边均用 25mm × 5mm 实木线收口 ⑤ 统一编号放置
门扇制作后	① 门扇制作完成后，应统一放于平整场地用重物压置，或用木方顶压，时间不少于 3 天 ② 收口线挑选后推广使用，接缝应顺直、清洁，清油工艺应在 0.5m 距离处看不见明显接缝 ③ 修边应小心，严防损伤面板 ④ 门扇拼花装饰，按图施工，应尺寸准确，接缝均匀美观
抽屉	① 抽屉高度 120~200mm（特殊要求除外），木工板或优等双面板制作框架，底板采用九厘板贴三合板 ② 横面木工板切口应做混油或实木条收口处理
门扇安装	① 门扇按制作顺序正确安装，木纹应顺直、美观，几何尺寸正确，间隙缝尺寸在 3~4mm ② 柜子、柜帽应超出关闭后的柜门 5~10mm

续表

种类	用途
五金件	① 五金件选用优质产品，安装位置正确，固定牢固、无污染 ② 大门扇碰珠安在上方，或上下安装，小门扇安在下方 ③ 大门扇拉手安装应统一位置，下口离地 1100~1200mm，安装后擦去定位铅笔痕迹
同一平面柜门不得有明显色差	① 柜门长度超出 1600mm 必须安装 3 个铰链 ② 铰链需调整紧固，开启灵活，螺钉齐全，滑轨轻松自如，柜内清洁干净，门扇开启自如，缝隙均匀，并且不得发出异响

312 木墙裙施工时常出现的问题

① 构造方面。如果龙骨数量少胶合板薄及质量差，可导致板面不稳，应增加术龙骨数量、缩小间距或改用厚胶合板。

② 施工方面。主要有拼缝处不平直，木纹花纹对花错乱，应拆下后刨修接缝处，调整板面位置，对花正确后重新安装。

木墙裙应在顶、墙面基层处理后开始施工，在工程竣工前完工，其中木龙骨及面板安装三室两厅的房间约需 20 天，墙裙复杂程度不同会影响工期。油漆施工根据使用涂料的不同和施工方法的差异会有区别，一般需 4 天时间，可与其他木器表面油漆同时进行。

313 暖气罩的施工步骤

暖气罩是罩在暖气片外面的一层金属或木制的外壳，它的用途主要是美化室内环境，可以挡住样子比较难看的金属制或塑料制的暖气片，同时可以防止人的不小心烫伤。木质暖气罩的施工步骤如下：

确定暖气罩的位置 → 打孔下木模 → 制作木龙骨架 → 木龙骨架固定 → 散热罩的框架抛光、平整 → 暖气罩外侧刷乳胶漆 → 固定

314 暖气片装设的三种情况

序号	内　容
一	当墙体厚度为两砖（490mm）时，在墙体内留暖气包槽，暖气片全部装在包槽内
二	当墙体厚为一砖半（370mm）时，在墙体内留一半包槽，暖气片一半装在墙的包槽内，另一半露在墙外。当墙厚为一砖（240mm）时，墙体不留包槽，暖气片全部露在墙外
三	针对暖气片三种装设情况，暖气罩也有不同。第一种情况，暖气罩只设正面板及底脚，无台面板；后面两种情况，暖气罩设有正面板、侧面板、台面板及底脚

315 暖气罩长度和高度的设定方法

暖气罩的长度、高度由暖气片的长度及高度而定，无论什么情况，罩内净空不得小于 180mm；暖气罩设置在窗洞下方时，暖气罩的长度应比窗洞宽度大 20mm，以利于安装；暖气罩一般是整体安装的，即做成整个暖气罩后再与墙体拉结。

当暖气罩装在墙面外侧，且上方为墙面无窗洞，可在暖气罩上方装木博古架，暖气罩的台面板又作为博古架的底板。但此处博古架高度宜低些，放置物件也应少些。

316 暖气罩施工常见的质量问题

在结构设计方面：

主要质量问题有散热面小，没有热气流通回路，造成使用中热量散发

不足、饰面材料易变形等缺陷。在暖气罩设计时应有足够的散热空间，并应在暖气罩底部设计通气孔，使空气在罩内形成回路，加快散热片散热。

在施工制作方面：

常见质量问题为规格偏差超过制作标准。暖气罩的制作标准为：暖气罩加工两端高低偏差小于 1mm，表面平整度偏差小于 1mm，垂直度偏差小于 2mm，上口平直度偏差小于 2mm。可通过校正、刨修龙骨架进行调整。

317 暖气罩制作施工要领

序号	内　容
一	暖气罩施工应在室内顶棚、墙体已做完基层处理后开始，基层墙面应平整
二	饰面板应加工尺寸正确，表面光滑平整，线条顺通，嵌合严密，无明缝、挂胶、外露钉帽和污染等缺陷
三	保证散热片散热良好，罩体遇热不变形，表面造型美观、安全，便于检查维修暖气散热片。暖气罩的长度应比散热片长 100mm，高度应在窗台以下或与窗台接平，厚度应比暖气宽 10mm 以上，散热罩面积应占散热片面积 80% 以上
四	活动式暖气罩应视为家具制作，根据散热片的长、宽、高尺寸，按长度大于 100mm、高度大于 50mm、宽度大于 15mm 的尺寸即可

318 暖气罩施工常见的质量问题

暖气罩安装施工中，定位与划线是根据窗下的标高及位置，核对散热器的高度，并在窗台板下或地面上弹出散热器的位置线。

319 暖气罩的安装方法

暖气罩安装施工中，按弹好的定位线进行安装，分块板式暖气罩接缝应顺直、平整，上下边高度、平度应一致，从而保证暖气罩的安装质量。如果暖气罩安装不当，会妨碍散热器散发热量。

PART

9

涂料工程

涂料施工中，墙面的基层处理方法、涂料的涂刷方法、不同材质的涂料等，决定了不同的墙面涂料施工工艺。如乳胶漆墙面涂刷需要一遍石膏、两遍腻子、三遍面漆，而乳胶漆每道工序的涂刷时间、涂刷厚度又决定了乳胶漆最终的呈现效果。因此，掌握这些施工技巧，可使涂料施工事半功倍。

320 乳胶漆的施工步骤

内墙乳胶漆是目前居室装修应用得最普遍的装饰材料之一，它具有施工方便、遮盖力强、色彩丰富、耐擦洗等许多优点，色彩搭配得当、质量得到保证，能够给家庭提供一个温馨的环境。具体的施工步骤如下：

基层处理 → 修补腻子 → 满刮腻子 → 涂刷底漆 → 涂刷面漆

321 乳胶漆施工中基层处理的方法

确保墙面坚实、平整，用钢刷或其他工具清理墙面，使水泥墙面尽量无浮土、浮尘。在墙面辊一遍混凝土界面剂，尽量均匀，待其干燥后（一般在 2 小时左右），就可以刮腻子了。对于泛碱的基层应先用 3% 的草酸溶液清洗，然后用清水冲刷干净即可。

322 乳胶漆施工中打磨腻子的方法

耐水腻子达到最高强度之后（5 ~ 7 天）会变得坚实无比，此时再进行打磨就会变得异常困难。因此，建议刮过腻子之后 1 ~ 2 天便开始进行腻子打磨。打磨可选在夜间，用 200W 以上的电灯泡贴近墙面照明，一边打磨一边查看平整程度。

323 乳胶漆施工中涂刷底漆的方法

底漆涂刷一遍即可，务必均匀，待其干透后（2 ~ 4 小时）可以进行下一步骤。涂刷每面墙面的顺序宜按先左后右、先上后下、先难后易、先边后面的顺序进行，不得胡乱涂刷，以免漏涂或涂刷过厚、涂料不均匀等。通常情况下用排笔涂刷，使用新排笔时，要注意将活动的笔毛清理干净。干燥后修补腻子，待修补腻子干燥后，用 1 号砂纸磨光并清扫干净。

324 乳胶漆施工中涂刷面漆的方法

面漆通常要刷两遍，每遍之间应相隔 2 ~ 4 小时（视其表干时间而定）待其基本干燥。第二遍面漆刷完之后，需要 1 ~ 2 天才能完全干透，在涂料完全干透前应注意防水、防旱、防晒、防止漆膜出现问题。由于乳胶漆漆膜干燥快，所以应连续迅速操作，涂刷时从左边开始，逐渐涂刷向另一边，一定要注意上下顺刷互相衔接，避免出现接茬明显而需另行处理。

325 喷乳胶漆施工的方法

在进行涂装之前，应将涂料搅拌均匀，并视具体情况兑水，兑水量一般为 10% ~20%，稀释后使用。一般情况下，乳胶漆需要刷涂两遍，两遍之间的间隔不少于 2 小时。

326 涂刷乳胶漆施工注意事项

序号	内　容
一	基层处理是保证施工质量的关键环节，其中保证墙体完全干透是最基本条件，一般应放置 10 天以上。墙面必须平整，最少应满刮两遍腻子，至满足标准要求
二	乳胶漆涂刷的施工方法可以采用手刷、滚涂和喷涂。涂刷时应连续迅速操作，一次刷完
三	涂刷乳胶漆时应均匀，不能有漏刷、流坠等现象。涂刷一遍，打磨一遍。一般应两遍以上
四	腻子应与涂料性能配套，坚实牢固，不得粉化、起皮、裂纹。卫生间等潮湿处使用耐水腻子，涂液要充分搅匀，黏度太大可适当加水，黏度小可加增稠剂。施工温度要高于 10℃。室内不能有大量灰尘，最好避开雨天施工
五	墙面必须干燥，一般新房经过处理自然干燥二周以上，而混凝土墙面要自然干燥三周以上，使墙面含水率低于 10%
六	涂料应贮存在 0℃以上阴凉干燥的地方
七	加水量应尽可能参照产品的有关说明，加水量过多会影响涂层的光泽、遮盖力，及成膜和耐久性
八	温度 5℃以下应停止施工，空气湿度太大（85%以上）应停止施工，0℃以下严禁施工
九	外墙施工遇到雨天应停止施工，若施工结束 12 小时内遇雨，尽可能遮挡，以免涂层被雨水冲“花”

续表

序号	内　容
十	扇灰用 107 胶水，扇灰后很容易被微生物侵蚀，从而使墙面很快粉化、发霉，漆面就会起皮剥落，因而扇灰时最好添加一些防腐剂，同时应待扇灰面干透后才能涂刷面漆

327 乳胶漆墙面的打磨要求

尽量用较细的砂纸，一般质地较松软的腻子（如 821）用 400~500 号的砂纸，质地较硬的（如墙衬、易呱平）用 360~400 号为佳，如果砂纸太粗的话会留下很深的砂痕，刷漆是覆盖不掉的。打磨完毕一定要彻底清扫一遍墙面，以免粉尘太多，影响漆的附着力。凹凸差不超过 3mm。

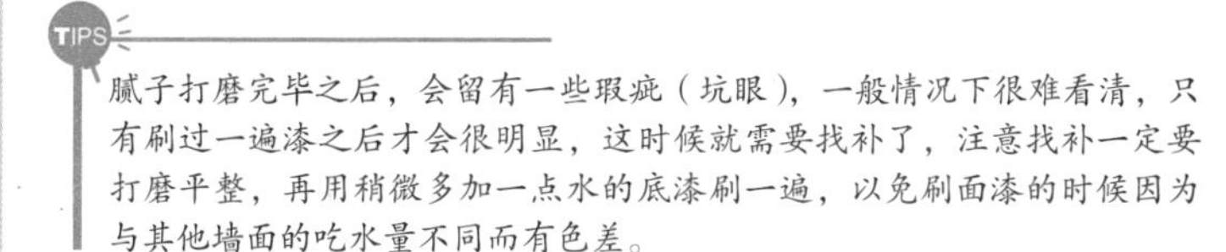

TIPS

腻子打磨完毕之后，会留有一些瑕疵（坑眼），一般情况下很难看清，只有刷过一遍漆之后才会很明显，这时候就需要找补了，注意找补一定要打磨平整，再用稍微多加一点水的底漆刷一遍，以免刷面漆的时候因为与其他墙面的吃水量不同而有色差。

328 乳胶漆涂刷前的墙面找平

检查墙体是否有“空鼓”，可用敲击的方法，从其响声就能判断出来；然后用稍长一点的铝合金直尺检查顶部和墙面的凹陷部位，做标记，用石膏腻子垫平凹凸不平的墙面，通常情况下，其凹凸差不超过 0.5cm 为佳。

在处理墙体阴角处的弹线时，则需注意其垂直度；一般情况下，阳角处理用靠杆就可以了，然后用石膏粉加 801 胶调制石膏腻子全部找直。通常情况下，不建议使用镶石膏线。

329 喷乳胶漆前应做好遮挡工作

如果不想用油工滚涂乳胶漆，一定要事先讲清楚，并要求油工做好喷涂乳胶漆前的准备工作，具体的工作有：遮挡所有门窗、家具、开关、插座等一切不想粘上乳胶漆的物品；打磨完的墙面要扫掉浮灰；喷完乳胶漆后的遮挡物揭除。

一般在刷乳胶漆之前，都要重新刮大白。如果采用无气喷涂工艺，一定要让新大白干透。要注意通风的副作用，容易把刚刷完油漆的家具吹裂，所以遮挡一定要彻底。

330 喷乳胶漆的施工周期

如果一个相对独立的空间里只有一种色彩，施工时间很短，1~2 小时即可。若在一个相对独立的空间里有两种或两种以上的色彩，施工周期就要延长，每两种色彩之间要间隔一周左右，也就是说，喷完一种颜色后要阴干 5 天左右。了解这一点后可以更好地安排装修进度。

331 无气喷涂乳胶漆与滚刷相比有两大优势

非常均匀、不掺一滴水；缺点就是费料，就像家具喷油与刷油一样。如果对色彩没有极特殊的要求，选择中档大桶装的乳胶漆性价比最高，档次低了厂家不提供喷涂服务，高档漆几乎都是小包装，喷起来成本太高。中档漆足以满足家庭的使用需要，高档漆兑水后滚刷的物理性能未必赶得上中档漆无气喷涂。

332 夏季墙面刷漆的注意事项

种类	用　途
注意保存好涂料	涂料是易燃物品，夏季气温高，很容易因存放不当造成火灾。因此，夏季涂料要存放在阴凉通风的地方，而且储存容器密封性一定要好。还需注意远离明火和电线插座，以免产生火花引燃涂料。通常建议购买的涂料在一个月内使用掉
延长墙面腻子干透时间	涂刷墙面前先要刮批腻子，一般需要刮 1~3 遍，其间正常的干透时间为 1~2 天。在夏季装修，尽可能延长腻子干透的时间，一般以 2~3 天为宜。因为夏季天气又热又湿，特别是风雨到来的时候，腻子风干的时间会加长。除此以外，在刮腻子时，应该用干布将墙面的水蒸气擦拭干净，尽量保持墙面的干爽，有利于墙面上漆
避开阴雨天气	夏季涂刷墙面时，应避免在湿度大或阴雨天气进行。因为施工时，墙面基础比较潮湿，还没完全干燥就粉刷涂料，水分渗入漆面造成漆膜失去黏附性，导致墙面凸起成鼓状
完工墙面避免暴晒	夏季温度较高，阳光猛烈。如果刷漆后的墙体经常受到阳光的暴晒，容易使墙体颜色脱落，白色墙体会有变黄的情况。另外，暴晒还会导致墙体升温，刷漆完毕后墙体温度下降时，漆面会出现龟裂的现象。因此，必须尽量避免刷漆后的墙面受到暴晒

TIPS

在夏季，极容易出现“墙面已经干透了”的假象。在施工时，施工人员一定要确保墙面基层完全干透下再涂刷墙漆。有条件的应该借助专业仪器测定墙面含水率，达标后再进行施工。另外，如果由于高湿高温让墙面难干，可使用抽湿机辅助加快墙面干燥速度。

333 夏季高温天气对刷漆的影响

涂料的干燥、结膜都需要在一定的气温和湿度下进行，不同类型的涂料有其最佳的成膜条件，通常溶剂型涂料宜在5~30℃气温条件下施工，水乳型涂料宜在10~35℃气温条件下施工。而夏季过热的天气会使涂料干燥过快，并使涂料耐久性受到影响。

334 夏季干燥天气对刷漆的影响

夏季虽然多雨，但是高温干燥天气也不少。而涂料适宜的施工湿度为60%~70%，通常情况下，湿度低有利于涂料的成膜加快施工进度，但如果湿度太低，空气太干燥，溶剂型涂料的溶剂挥发过快，水乳型涂料干燥也快，均会使结膜不够完全，因此也不宜施工。

335 夏季多风天气对刷漆的影响

夏季风多且大，大风会加速溶剂或水分的蒸发，使成膜不良，又会沾污尘土，与油漆工的舒适程度相比，晴朗的天气状况对涂装工程更重要，恶劣的涂装条件将使涂装工程效果大打折扣。

在夏季，阳光强烈，基层表面温度太高，会导致水或溶剂挥发过快，使得涂料成膜不良，影响涂层质量。

336 乳胶漆施工常见的 8 个问题

① 乳胶漆可以用水稀释吗？

可以。油漆的桶上都标注有加水比例，常规白色及浅色产品建议 10%~20%，切忌过度稀释。

② 可以不刷底漆，直接刷面漆吗？

未施底漆易造成的漆病：剥落、粉化、光泽不均、气泡、耐擦洗性差等等。另外使用了底漆还可以减少面漆用量。

③ 乳胶漆需要刷几遍？

一般是 1 底 2 面。就是先刷一遍底漆再刷两遍面漆。但是如果是彩色漆要达到涂刷效果，建议底漆之后刷 4 遍面漆（至少 3 遍）。

④ 深色、艳色注意事项。深色（光反射值低）和艳色（色饱和度高）

选择深色、艳色时建议涂刷底漆，以保证基底的均匀；面漆涂刷时稀释比例不超过 5%，需要涂刷四遍以上；有条件的情况下最好以喷涂方式施工。

⑤ 油漆涂刷方法是喷涂好，刷涂好还是辊涂好？

一般辊涂和喷涂用得较多，相对来说喷涂的效果好，但是缺点是用漆量大而且不易修补，修补需要重做整面墙。

⑥ 色卡的颜色和最终效果一样吗？

不会完全一样！由于色卡印刷油墨和涂料色浆本质不同，加上光线、背景、环境、涂刷面积、视觉等影响，会有一点点区别。

⑦ 不同批次的油漆会有色差吗？

会的。建议不同批次的油漆混合后施工，可以避免明显色差。

⑧ 冬天可以施工吗？

施工内墙乳胶漆要求基底温度大于 10℃；外墙乳胶漆要求基底温度大于 5℃。所以气温对施工也是有影响的。

337 墙漆中底漆的作用

底漆是直接涂物体表面作为面漆的涂料，也是油漆工程的第一层，在物面上附着牢固，以增加上层涂料的附着力，提高装饰性。底漆同时可以保证面漆的均匀吸收，使油漆系统发挥最佳效果。底漆起封闭、防潮、增强面漆附着力等作用，一些高质量的底漆还具有防虫的作用。

338 做墙面涂料时必须要刷界面剂

做墙面涂料的时候，必须要刷界面剂。涂刷界面剂于基层，待表面干了 24 小时后再刮腻子，用量是 0.3~0.4kg/m^2，严禁使用 108 胶、醇酸清漆处理基层。界面漆有阴极保护作用、防锈性能好、干燥迅速、有耐热性优良的低温固化性能，能与大部分油漆体系配套使用。

339 油漆涂刷时一定要达到规定遍数

规范中，对不同的基层材料、不同的使用条件等都严格规定的涂料的施工遍数。如不按照规定施工，则很容易造成涂膜层薄、露底、色泽不均匀等缺陷，影响装饰效果和使用功能。

在施工前，应熟悉设计图纸及施工规范，按规定施工涂刷的遍数。且涂刷要均匀，相邻两遍涂料施工要在干透的情况下进行，严禁减少涂刷遍数。

340 薄涂料的施工步骤

薄涂料，又称薄质涂料。它的黏度低，刷涂后能形成较薄的涂膜，令墙面光滑、平整、细致。在墙面刮完腻子后施工。具体施工步骤如下：

基层处理 → 刮腻子 → 刷涂施工 → 滚涂施工 → 喷涂施工

341 薄涂料施工中刮腻子的方法

序号	内　容
一	刮腻子时应根据基层和涂料的种类来选择配套腻子；涂刷遍数是根据表面的平整度来决定的，一般情况下为 2 ~ 3 遍（腻子配合比为聚醋酸乙烯乳液：滑石粉：水 =1：5 ：3.5）
二	第一遍腻子用橡胶刮板横向满刮，接头处不得留茬，每刮一块刮板最后收头时都要干净利落，等腻子干燥后用 1 号砂纸打磨，将浮腻子及斑迹磨平磨光并将墙面清扫干净
三	第二遍腻子用胶皮刮板竖向满刮，所用材料和操作方法同第一遍腻子
四	第三遍腻子用胶皮刮板找补腻子，用钢皮刮板满刮腻子，将墙面刮平刮光，干燥后用细砂纸磨平磨光，应注意不要漏磨或磨穿腻子

342 薄涂料施工中刷涂施工的方法

序号	说　明
第一遍	将墙面清扫干净，刷涂施工时应根据涂料的黏度大小选用宽排笔或棕刷。当涂料的黏度为 40 ~ 100S 时宜采用棕刷，当黏度为 20 ~ 40S 时宜采用排笔刷涂。使用前应将活动的刷毛或笔毛清理掉。涂料使用前应搅拌均匀并适当稀释，以防止头遍涂料刷涂时拉不开笔。涂料干燥后补腻子，腻子干燥后用砂纸打磨光，并将灰尘清扫干净
第二遍	操作方法同第一遍。用前将涂料充分搅拌，如不是很稠，就尽量不加或少加稀释剂。等漆膜干燥后，用细砂纸将墙面上的小疙瘩和遗留在涂层中的毛打掉，将表面打磨光滑后清扫干净
第三遍	操作方法同第二遍。当漆膜干燥较快时，应迅速操作。涂刷时从一头开始，逐渐涂刷向另一头，要注意上下顺刷互相衔接，使排笔运行均匀，避免干燥后再处理接头

343 薄涂料施工中喷涂施工的方法

喷涂以达到设计质量要求为准，不限制喷涂遍数。将涂料调至施工所需的黏度，装入贮料罐或压力供料筒中。打开空气压缩机进行调节，使其压力达到施工压力（一般在 0.4 ~ 0.8Pa 范围内）。喷涂作业时，手握喷枪要稳，涂料出口应与被涂面垂直，喷枪移动时应与墙面保持平行。如有喷枪喷不到的部位，应用排笔或棕刷刷涂。

344 薄涂料施工中滚涂施工的方法

序号	说　明
第一遍	将涂料搅拌均匀，取出少量倒入平漆盘中摊开，用辊筒均匀地蘸取涂料并在底盘或辊网上滚动至均匀后再在墙面上滚涂。开始时要慢慢滚动，以免一开始速度太快而使涂料飞溅。滚动时将辊筒在墙面上按一定顺序、加轻微压力、均匀地进行滚动
第二遍	操作方法同第一遍。用前将涂料充分搅拌，如不是很稠，就尽量不加或少加稀释剂。等漆膜干燥后，用细砂纸将墙面上的小疙瘩和遗留在涂层中的毛打掉，表面打磨光滑后清扫干净
第三遍	操作方法同第二遍。滚涂时从一头开始，逐渐涂刷向另一头，要注意上下顺刷相互衔接，使辊子运行均匀，避免出现明显的接茬

345 避免涂层颜色不均匀的方法

序号	内　容
一	混凝土基层养护时间宜在 28 天以上，砂浆宜在 7 天以上，砂浆补洞的宜在 3 天以上
二	含水率控制在 10% 以内，混凝土或砂浆的配合比应相同
三	混凝土或砂浆的基层施工缝应留在阴阳角处或分仓缝处
四	基层施工应平整，抹纹应通顺一致，涂刷前将表面油污等清理干净
五	每批涂料的颜色料和各种原材料的配合比必须一致
六	使用涂料时必须随时搅拌均匀，不得任意加水

TIPS

出现涂层颜色不均匀的原因：
① 混凝土或砂浆基层养护的时间短，强度低，太潮湿。
② 基层表面光滑度不一致，吸附力不同。
③ 基层施工接茬留的位置不统一，有明显接茬，表面颜色深浅不一致。
④ 使用的不是同一批涂料，颜色掺入量有差异。
⑤ 涂料没搅拌均匀或任意加水，使涂料颜色深浅不同。

346 调和漆的施工步骤

调和漆是一种色漆，是在清漆的基础上加入无机颜料制成。其漆膜光亮、平整、细腻、坚硬，外观类似陶瓷或搪瓷。调和漆的施工步骤如下：

基层处理 → 修补腻子 → 满刮腻子 → 第二遍腻子 → 涂刷涂料

347 调和漆施工中满刮腻子的方法

用橡胶刮板横向满刮，接头处不得留茬，每一刮板最后收头时要干净利落。腻子配合比为聚醋酸乙烯乳液：滑石粉：水 =1：5：3.5。当满刮腻子干燥后，用砂纸将墙面上的腻子残渣、斑迹等打磨、磨光，然后将墙面清扫干净。

348 调和漆施工中涂刷涂料的方法

序号	说明
第一遍	可涂刷铅油，它的遮盖力较强，是罩面层涂料基层的底层涂料。铅油的稠度以盖底、不流淌、不显刷痕为宜。涂刷每面墙面的顺序宜按先左后右、先上后下、先难后易、先边后面的顺序进行，不得胡乱涂刷，以免漏涂或涂刷过厚。第一遍涂料完成后，对于中级及高级涂饰应进行修补腻子施工
第二遍	第二遍的操作方法同第一遍涂料。如墙面为中级涂饰，此遍可刷铅油；如墙面为高级涂饰，此遍应刷调和漆。待涂料干燥后，可用细砂纸把墙面打磨光滑并清扫干净，同时要用潮湿的布将墙面擦拭一遍
第三遍	第三遍用调和漆涂刷，如墙面为中级涂饰，此道工序可作罩面层涂料（即最后一遍涂料），其操作顺序同上。由于调和漆的黏度较大，涂刷时应多刷多理，以达到漆膜饱满、厚薄均匀一致、不流不坠
第四遍	一般选用醇酸磁漆涂料，此道涂料为罩面层涂料（即最后一遍涂料）。如最后一遍涂料改为用无光调和漆，可将第二遍铅油改为有光调和漆，其他做法相同

油漆一次不能刷得太厚，不然会造成油漆流淌，表面看起来不平整（可用砂纸打磨）。如墙面出现污斑，先除去污斑处乳胶漆，刷层含铝粉的底漆后，再重新上漆。刷第二遍油漆时一定要等第一遍油漆完全干透，不然易出现漆膜起皱的现象。漆好的表面在油漆未干时要用罩子或硬纸板遮住，以防沾上灰尘，影响美观。

349 调和漆的施工注意事项

序号	内容
一	中、深色调和漆施工时尽量不要掺水，否则容易出现色差。亮光、丝光的乳胶漆要一次完成，否则修补的时候容易出现色差
二	墙面有缝隙的地方铺上涤纶布比较好
三	原来墙面有的腻子最好铲除，或者刷一遍胶水封固
四	天气太潮湿的时候，最好不要刷；同样，天气太冷，油漆施工质量也会差一些。天气如果太热，一定要注意通风
五	油漆的打磨要等完全干透后进行，后一道油漆施工必须等前一道油漆干透后进行
六	刷油漆时，要用美纹纸贴住铰链和门锁，磨砂玻璃要用报纸保护好
七	踢脚线安装好后要用腻子和油漆补一下缝

350 清漆的施工步骤

清漆是不含颜料的透明或带有淡淡黄色的涂料，光泽好，成膜快，用途广。主要成分是树脂和溶剂或树脂、油和溶剂。涂于木作物体表面后，形成具有保护、装饰和特殊性能的涂膜，干燥后形成光滑薄膜，显出木作物体表面原有的花纹。清漆的施工步骤如下：

基层处理 → 涂刷封底漆 → 润色油粉 → 满刮油腻子 → 刷油色 → 刷第一遍清漆 → 修补腻子 → 拼色与修色 → 刷第二遍清漆

351 清漆施工中涂刷封底漆的方法

为使木质含水率稳定和增加涂料的附着力，同时也为了避免木质密度不同吸油不一致而产生色差，应涂刷一遍封底漆。封底漆应涂刷均匀，不得漏刷。

352 清漆施工中涂刷润色油粉的方法

润色油粉的配合比为大白粉：松香水：熟桐油 =24：16：2，润色油粉的颜色同样板颜色，并用搅拌机充分搅拌均匀后盛在小油桶内。用棉丝蘸油粉反复涂于木材表面。擦进木材的棕眼内，然后用棉丝擦净，应注意墙面及五金上不得沾染油粉。待油粉干后，用 1 号砂纸顺木纹轻轻打磨，先磨线角后磨平面，直到光滑为止。

353 清漆施工中满刮腻子的方法

腻子的配合比为石膏粉：熟桐油 =20：7，并加颜料调成石膏色腻子，要注意腻子油性不可过大或过小，若过大，则刷油色时不易浸入木质内；若过小，则易浸入木质中使得油色不均匀且颜色不一致。在刮抹时要横抹竖起，如遇接缝或节疤较大时应用铲刀将腻子挤入缝隙内，然后抹平，一定要刮光且不留松散腻子。待腻子干透后，用 1 号砂纸顺木纹轻轻打磨，先磨线角后磨平面，直到光滑为止。

354 清漆施工中刷油色的方法

先将铅油、汽油、光油、清油等混合在一起过筛，然后倒在小油桶内，使用时要经常搅拌，以免沉淀造成颜色不一致。刷油的顺序应按从外向内、从左到右、从上到下且顺着木纹进行。

355 清漆施工中刷清漆的方法

其刷法与油色相同，但刷第一遍清漆应略加一些稀料撤光以便快干。因清漆的黏性较大，最好使用已经用出刷口的旧棕刷，刷时要少蘸清漆，以保证不流、不坠、涂刷均匀。待清漆完全干透后，用 1 号砂纸彻底打磨一遍，将头遍漆面上的光亮基本打磨掉，再用潮湿的布将粉尘擦掉。

356 清漆施工中修补腻子的方法

通常情况下要求刷油色后不刮腻子，但在特殊情况下可用油性略大的带色石膏腻子修补残缺不全之处。操作时必须用牛角板刮抹，不得损伤漆膜，腻子要收刮干净，光滑无腻子疤痕。

357 清漆的施工注意事项

序号	内　　容
一	打磨基层是涂刷清漆的重要工序，应首先将木器表面的灰尘、油污等杂质清除干净
二	上润油粉也是清漆涂刷的重要工序，施工时用棉丝蘸油粉涂抹在木器的表面上，用手来回揉擦，将油粉擦入到木材的孔眼内
三	涂刷清油时，手握油刷要轻松自然，手指轻轻用力，以移动时不松动、不掉刷为准
四	涂刷时要按照蘸次多、每次少蘸油、操作时勤，顺刷的要求，依照先上后下、先难后易、先左后右、先里后外的顺序和横刷竖顺的操作方法施工
五	基层处理要按要求施工，以保证表面油漆涂刷质量，清理周围环境，防止尘土飞扬。油漆都有一定毒性，对呼吸道有较强的刺激作用，施工时一定要注意做好通风

358 清漆施工中拼色与修色的方法

木材表面上的黑斑、节疤、腻子疤等颜色不一致处，应用漆片、酒精加色调配或用清漆、调和漆和稀释剂调配进行修色。木材颜色深的应修浅，浅的提深，将深色和浅色木面拼成一色，并绘出木纹。最后用细砂纸轻轻往返打磨一遍，然后用潮湿的布将粉尘擦掉。

359 色漆的施工步骤

清漆是不加颜料，仅是成膜树脂的原色，所以能够透露出木材的纹理，而与清漆不同的是色漆涂于木作底材时，形成的涂膜能遮盖木作底材原本的色彩并具有保护、装饰木作的功效。色漆的施工步骤如下：

基层处理 → 涂刷封底漆 → 刮腻子 → 磨光 → 刷第一遍色漆 → 刮腻子 → 打砂纸 → 刷第二遍色漆 → 打砂纸 → 刷第三遍色漆

TIPS

刷色漆前要用 210 号砂纸打磨掉木制品表面的锈迹、胶渍及毛刺，然后刷上一遍透明清漆，以防做有色漆，特别是做白漆后返黄。

360 色漆施工中刷封底涂料的方法

封底涂料由清油、汽油、光油配制，略加一些红土子进行刷涂。待全部刷完后应检查一下有无遗漏，并注意油漆颜色是否正确，并将五金件等处沾染的油漆擦拭干净。

361 色漆施工中刮腻子的方法

腻子的配合比为石膏：熟桐油：水=20：7：50，待涂刷的清油干透后将钉孔、裂缝、节疤以及残缺处用石膏油腻子刮抹平整，腻子要以不软不硬、不出蜂窝、挑丝不倒为准。刮时要横抹竖起，将腻子刮入钉孔或裂纹内。若接缝或裂缝较宽、孔洞较大时，可用开刀或铲刀将腻子挤入缝洞内，使腻子嵌入后刮平收净。表面上的腻子要刮光、无松散腻子及残渣。

362 色漆施工中磨光的方法

待腻子干透后，用1号砂纸打磨，打磨方法与底层打磨相同，但注意不要磨穿漆膜并保护好棱角，不留松散腻子痕迹。打磨完成后应打扫干净并用潮湿的布将打磨下来的粉末擦拭干净。

363 色漆施工中刷涂料的方法

先将色铅油、光油、清油、汽油、煤油混合在一起搅拌均匀并过筛，其配合比为铅油：光油：清油：汽油：煤油=50：10：8：20：10。可用红、黄、蓝、白、黑铅油调配成各种所需颜色的铅油涂料，其稠度以达到盖底、不流淌、不显刷痕为准。涂刷的顺序与刷封底涂料相同。

PART 10

壁纸及软包工程

壁纸与软包同属于墙面后期施工中的一部分。其中壁纸的施工面积更大，软包的施工更考验工人的施工水准。软包的施工水平越高，其施工出来的效果越漂亮；壁纸的施工水平越高、施工细节处理得越好，其粘贴出来的效果更加的整体，看不出壁纸与壁纸衔接处的缝隙。

364 壁纸裱糊的施工步骤

壁纸分为很多类，如涂布壁纸、覆膜壁纸、压花壁纸等。通常用漂白化学木浆生产原纸，再经不同工序的加工处理，如涂布、印刷、压纹或表面覆塑，最后经裁切、包装后出厂。因为具有一定的强度、美观的外表和良好的抗水性能，所以广泛用于室内装修中。壁纸裱糊的施工步骤如下：

基层处理 → 弹线、预拼 → 裁切 → 润纸 → 刷胶粘剂 → 裱糊 → 修整

365 壁纸裱糊施工中裁切的方法

根据裱糊面的尺寸和材料的规格，两端各留出 30 ~ 50mm，然后裁出第一段壁纸。有图案的材料，应将图形自墙的上部开始对花。裁切时尺子应压紧壁纸后不再移动，刀刃紧贴尺边，连续裁切并标号，以便按顺序粘贴。

366 壁纸裱糊施工润纸的方法

塑料壁纸遇水后会自由膨胀，因此在刷胶前必须将塑料壁纸在水中浸泡 2 ~ 3 分钟后取出，再静置 20 分钟。如有明水应用毛巾擦掉，然后才能刷胶；玻璃纤维基材的壁纸遇水无伸缩性，所以不需要润纸；复合纸质壁纸由于湿强度较差而禁止润纸，但为了达到软化壁纸的目的，可在壁纸背面均匀刷胶后，将胶面对胶面的对叠，放置 4 ~ 8 分钟后上墙；而纺织纤维壁纸也不宜润纸，只需在粘贴前用湿布在纸背稍擦拭一下即可；金属壁纸则在裱糊前应浸泡 1 ~ 2 分钟，阴干 5 ~ 8 分钟，然后再在背面刷胶。

367 壁纸裱糊施工中刷胶粘剂的方法

刷胶粘剂时要薄而均匀、不裹边、不漏刷，且基层表面与壁纸背面应同时涂胶。基层表面的涂刷宽度要比预贴的壁纸宽 20 ~ 30mm。塑料 PVC 壁纸裱糊墙面时，可只在基层表面涂刷胶粘剂，而金属壁纸应使用壁纸粉一边刷胶、一边将刷过胶的部分向上卷在壁纸卷上。

368 壁纸裱糊施工中裱糊的方法

序号	内　容
一	裱糊壁纸时，应按照先垂直面后水平面，然后再细部后大面的顺序进行。其中垂直面先上后下、水平面先左后右
二	对于需要重叠对花的壁纸，应先裱糊对花，后用钢尺对齐裁下余边。裁切时，应一次切掉不得重割
三	在擀压气泡时，对于压延壁纸可用钢板刮刀刮平，对于发泡或复合壁纸则严禁使用钢板刮刀，只可使用毛巾或海绵赶平

续表

序号	内　容
四	壁纸不得在阳角处拼缝，应包角压实，壁纸包过阳角应不小于20mm。遇到基层有突出物体时，应将壁纸舒展地裱在基层上，然后剪去不需要的部分
五	在裱糊过程中，要防止穿堂风、防止干燥，如局部有翘边、气泡等，应及时修补

369 塑料壁纸裱糊前应闷水

裱糊普通的塑料壁纸，提前闷水是很有必要的。闷水的方法：用排笔蘸清水湿润壁纸的背面（即滑水），也可把裁好的壁纸卷成一卷放在盛水的桶中浸泡3~5分钟，然后再拿出来把表面的明水抖掉，再静置20分钟左右。

壁纸铺贴中胶粘剂要刷在纸的背面，胶面对胶面的对折存放，会有起皱现象，把胶粘剂刷在墙面基层上直接铺贴效果要好很多。

370 壁纸裱糊从边角开始施工

确定第一张墙纸的位置，然后从墙边的边角开始施工，在墙上画上铅垂线（距离墙边约一张墙纸的宽度）。同一房间不可以有两处以上在同时施工。需要注意的是，壁纸裱糊一定要从一个方向向另一个方向粘贴，不可以两侧对着粘贴。

371 壁纸裱糊中滚压气泡的方法

把墙纸贴到墙面后，需用墙纸专用的压辊按照同一个方向滚动把气泡给擀出，记住：切勿用力把浆液从纸带边缘挤出溢到墙纸表面，在靠近屋顶和地面的部分用刮板轻轻地刮，把气泡擀出让墙纸紧贴墙面，同时把多余的墙纸给裁下。

372 胶水溢到壁纸表面的清洁方法

两幅墙纸的边缘接缝位置用斜面接缝压辊进行辊压，这样可以使墙纸粘贴牢固，而且接缝也不会开裂。如不慎把胶液溢到墙纸的表面，务必及时用湿毛巾或是潮湿的海绵彻底的清除，墙纸上多余的胶水，也不要来回的涂抹，要不然墙纸干透后会留下一条白色痕迹。

373 壁纸裱糊调制胶水的方法

取墙粉倒入盆中，慢慢加水，调成米粉糊状，可以稍等半个小时，因为墙粉吸水会慢慢膨胀，如果粉糊太干了，要继续加水。倒墙粉的时候最好留一部分，因为万一胶水调稀了，还可以再加一点墙粉进去。最后，调好的胶水，可以用一根筷子竖插到盆里试试，不马上倒掉就说明稠度可以了。然后再加入墙胶，拌匀，以增加胶水粘性。

调制胶水：胶水一般由胶粉和胶浆调制成，在裁剪壁纸前调制

TIPS

需要准备的材料：
大面盆一个，滚筒一个，新擦布一块，直尺一把，锋利的美工刀一把，最好还有一块刮板（要软质的）。准备好这些材料，才可以调制胶水。

374 壁纸裱糊前检查好壁纸的质量

墙面处理好后，需等一到两天，等墙壁干透再贴墙纸。期间，可以把买的墙纸检查一下，是否有意外情况。如先看颜色和图案，是否是自己订的墙纸，再翻看每卷墙纸的型号和批号，是否是一个批号的，以保证基本不会出现色差。再看一下是否有卷号（有的厂家是没有卷号的），如果有卷号，则把墙纸按卷号按顺序排列好，因为卷号最相临的，墙纸间的色差会较小。如果同款墙纸订的很多，那先按箱号排序，再排卷号。

375 上胶后壁纸的放置方法

壁纸的折叠：

壁纸上胶后，应先将壁纸以 IM 为一段对折，然后以此为标准，均匀背折，背折到只剩一段时，再与此小段对折。

（a）折叠时应完全重合

（b）四周边缘不能留下缝隙，以免这里的胶水很快干掉。

壁纸放置时间：

一般壁纸对折后应放置 3 分钟，但最长不能超过 15 分钟。

TIPS

注意事项：
涂刷胶水时，一次应涂刷 4~5 张，但如果贴到阴阳角时，一次涂刷 3 张即可。
上胶时应用小毛刷均匀地涂抹。

376 阴角处壁纸的裱糊

序号	内　容
一	从最后一幅壁纸的中心向凹墙角测量，再加上 2.5cm，按此宽度裁出一段壁纸
二	贴上上述的一段壁纸，让它对准并连接最后贴的壁纸并在凹墙角上弄平整
三	用刮板上下刮动使外伸部分粘住墙壁，并把刮板上的胶水擦干净
四	自凹角向外量出此段的宽度并加上 5mm，在墙壁上做标记
五	在铅笔标记上放水平仪，检查是否垂直，并在盖贴的壁纸上涂布胶水
六	将盖贴好的壁纸外侧与垂直线对准，以此垂直线为准，裱贴房间余下的壁纸

377 壁纸在开关插座处的粘贴方法

序号	内　容
一	将壁纸盖贴整个开关
二	在开关的四个角点，朝中心处用美工刀割开四个点
三	在距离开关长边边缘 1cm 处割一条平行线但距开关两边短边边缘距离也为 1cm
四	在上述画好的平等线中点，用美工刀画一条垂直线，距下边缘 3cm
五	将下部的两个点用美工刀与垂直线画连线。用刮板抵住开关盒的边缘用美工刀将多余墙纸割去 .

378 壁纸在门窗口的粘贴方法

序号	内　容
一	在距离窗左右边最近的一幅壁纸的边缘将要贴的壁纸贴好，并将多余延伸的部分分别在窗户的上部与下部贴好
二	中间窗户空的部分用美工刀沿窗户的上下边缘画平行线
三	将割出来的部分包进窗户的左右两边缘
四	用裁剩的零头料与刚才留在窗户上下边缘的延伸部分重叠，沿重叠好的墙纸边缘用直尺配合美工刀，从上而下切开
五	拿掉多余的墙壁纸，并用白毛巾或海绵擦去多余的胶水

379 金属类壁纸的施工方法

基本方法同一般壁纸的施工。但值得注意的是，金属类壁纸表面的一层金箔或锡箔也会导电，因此要特别小心避开电源、开关等带电线路。

380 纸质壁纸的施工注意事项

纸质壁纸比较脆弱，施工时应格外小心。施工前将指甲剪干净，以免指甲在壁纸上留下划痕。施工前保持壁纸的平整、干净。不能用水清洗表面，若发现有污渍，应用海绵吸水后，拧出一部分水分，保持一定的湿度。然后轻轻擦拭。注意不要让任何粘胶贴到壁纸表面，否则会使该壁纸产生变色或脱落。一旦胶水粘在壁纸表面，应立即用海绵清洗，若待胶水干后再擦，会破坏印刷表面。

381 防止纸质壁纸上胶后开裂的方法

在上墙要干时，用湿海绵从中间开始擦拭壁纸表面，每幅接缝处留 2~3cm 不要擦水。或者是接缝处加白胶或强力胶。

382 壁布类壁纸的施工方法

由于墙布材质比较厚重，所以胶水配置与其他壁纸不同，应比其他的壁纸胶水浓、厚。对于 19oz（盎司）以上的壁布，应用强力胶水，墙面上先刷一遍胶水，壁布背后也可以刷上较薄的胶水。

阴阳角粘贴的方法：
A、将阴阳角处加注强力胶水。
B、将壁布放到将要转角的表面，褶出一道折痕。
C、用吹风机或卡式炉将壁布表面吹软化，即可轻易将壁布转过阴角。

383 纱线壁布、无纺布、编制类壁布施工方法

由于壁纸本身会吸水，故胶水配制应浓厚，使流动性降低，加入适量的白胶，以增加黏附力，直接在墙面上胶。不可使用硬质刮板或尼龙刷，而应使用软毛刷由上往下轻压，将壁纸贴于墙面。保持双手的清洁，小

心上胶，不要污染壁纸表面，若有胶水溢出要立即用海绵吸除。在贴之前，应在壁布边缘用双面胶贴掉一段，加长壁布的宽度，以免壁布边缘受胶水污染。

384 纱线壁布、无纺布、编制类壁布施工注意事项

序号	内　容
一	万一壁布表面受污染，只能将污染处依宽幅大小裁掉
二	用毛刷轻轻擀出气泡，不可太用力，以免破坏壁布的面料，尤其是在张贴纱线类壁布时，因其表面脆弱更需小心
三	避免在阴角处重叠切割壁布，且不能在阳角处剪裁壁布，以免引起阳角处壁布翘边
四	若表面有灰尘，应用软毛刷或掸子轻拂，不可用湿毛巾擦拭，可能会造成污渍扩大

385 进行裱糊施工时要注意基层的含水率

如果在含水率较大的基层上进行裱糊施工，会导致壁纸粘结不牢固，出现发霉、变色、空鼓等现象，影响装饰效果。所以，裱糊施工的基层必须做干燥处理，混凝土或抹灰墙面，其含水率不得大于8%。

386 壁纸贴完后不能立刻开窗

贴壁纸后一般要求是阴干，如果贴完之后马上通风会造成壁纸和墙面剥离。因为空气的流动会造成胶的凝固加速，没有使其正常的化学反应得到体现，所以贴完壁纸后一般要关闭门窗3~5天，最好一周时间，待壁纸后面的胶凝固后再开窗通风。

387 壁纸裱糊前的基层应清扫干净

混凝土和抹灰基层的墙面应清扫干净，将表面裂缝、坑洼不平处用腻子找平。再满刮腻子，打磨平。根据需要决定刮腻子遍数。木基层应刨平，无毛刺、戗茬，无外露钉头。接缝、钉眼用腻子补平。满刮腻子，打磨平整。石膏板基层的板材接缝用嵌缝腻子处理，并用接缝带贴牢，表面再刮腻子。

388 底胶最好选用植物性壁纸胶

涂刷底胶一般使用植物性壁纸胶，底胶一遍成活，且不能有遗漏。为防止壁纸、墙布受潮脱落，可涂刷一层防潮涂料。

389 纤维墙布与无纺布的胶水应刷在墙上

裱贴玻璃纤维墙布和无纺墙布时，背面不能刷胶粘剂，宜将胶粘剂刷在基层上。因为墙布有细小孔隙，胶粘剂会渗透表面而出现胶痕，影响美观。

390 软包的施工步骤

软包是指一种在内墙表面用柔性材料加以包装的墙面装饰方法。它所使用的材料质地柔软，色彩柔和，能够柔化整体空间氛围，其纵深的立体感亦能提升家居档次。除了美化空间的作用外，更重要是的它具有阻燃，吸音，隔音，防潮，防霉，抗菌，防撞的功能。软包的施工步骤如下：

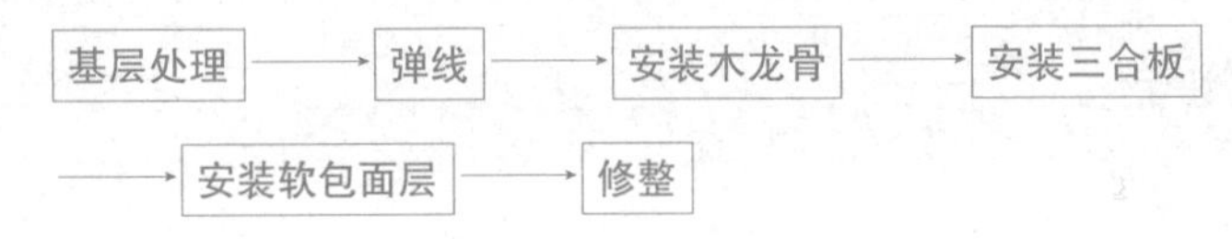

391 软包施工时一定要做基层处理

当基层不平或有鼓包时，会造成软包面不平而影响美观；当基层没有做防潮处理时，就会造成基层板变形或软包面发霉，影响装饰效果。

TIPS

施工前应对基层进行剔凿，使基层表面的垂直度和平整度都达到设计要求。另外，还要利用涂刷清油或防腐涂料对基层进行防腐处理，同样要达到设计要求。

392 软包施工中弹线的方法

当设计无要求时，木龙骨竖向间距应为400mm，横向间距为300mm；门框竖向正面设双排龙骨孔，距墙边为100mm，孔直径为14mm，深度不小于40mm，间距为250～300mm。

393 软包施工中安装木龙骨的方法

木楔应做防腐处理且不削尖，直径应略大于孔径，钉入后端部与墙面齐平；木龙骨应厚度一致，跟线钉在木楔上且钉头砸扁，冲入2mm。如墙面上安装开关插座，在铺钉木基层时应加钉电气盒框格。最后，用靠尺检查龙骨面的垂直度和平整度，偏差应不大于 3mm。

394 软包施工中安装三合板的方法

三合板在铺钉前应在板背面涂刷防火涂料。木龙骨与三合板接触的一面应刨光使其平整。用气钉枪将三合板钉在木龙骨上，三合板的接缝应设置在木龙骨上，钉头应埋入板内，使其牢固平整。

395 软包施工中安装面包层的方法

序号	内　容
一	根据设计图纸，在木基层上画出墙、柱面上软包的外框及造型尺寸，并以此来切割九合板，按线拼装到木基层上。其中九合板钉出来的框格即为软包的位置，其铺钉方法与三合板相同
二	按框格尺寸，裁切出泡沫塑料块，用胶粘剂将泡沫塑料块粘贴在框格内
三	将裁切好的织锦缎连同保护层用的塑料薄膜覆盖在泡沫塑料块上，用压角木线压住织锦缎的上边缘，在展平织锦缎后用气钉枪钉牢木线，然后绷紧展平的织锦缎钉其下边缘的木线，最后，用刀锋沿木线的外缘裁切下多余的织锦缎与塑料薄膜

396 软包施工中使用胶粘剂的方法

在软包施工时，胶粘剂应涂刷满且均匀，在接缝或边缘处可适当多刷些胶粘剂。胶粘剂涂刷后，应擀平压实，多余的胶粘剂应及时清除。

TIPS

软包饰面的接缝或边缘处胶粘剂如果涂刷过少，会导致胶粘剂干燥后出现翘边、翘缝的现象，既影响装饰效果，又影响了使用功能。

397 软包施工中的注意事项

序号	内　容
一	底脚线坏好收边，可钉一条布（或皮革）
二	有无阳角，阴角，隐形门，其他门类
三	边上留缝，根据面料厚度（真皮，马毛，缝要留大点）。最少3mm，真丝布的留细一点，浅显通俗面料留1.5mm，就是型材底边厚度

PART 11

门窗及楼梯工程

门窗及楼梯工程同属于后期施工中的重点项目。两者之间有许多的共同点，如门窗及楼梯都以木材制作的为主，如实木门、实木楼梯等。两者都需要在前期定制，在后期安装。根据不同的门窗及楼梯材质，其施工工艺与技巧有许多的区别，掌握这些施工技巧，可使门窗及楼梯的安装更加的便捷与牢固。

398 门窗改造首先要注意安全

门窗改造过程中的安全问题主要有两方面，一是人身安全，二是结构安全。门窗拆除时，一定要确保拆除工人及他人的安全。拆除时，工人必须采取严格的安全措施，防止意外发生，包括工人自身与拆除物坠落有可能导致的他人伤害，所有的拆除物都不可以从窗口扔出或者掉落。此外，拆除后的门窗洞，应当用木条等封住，避免施工时发生意外。如果只是进行外部刷漆等局部翻新，同样要注意操作中的安全问题，不可随意施工。

399 旧房门窗拆除会涉及房屋结构的安全问题

因为门窗所在的墙体大多是房屋的承重结构，因此，在拆除时，不能破坏周围的结构，否则就会影响到房屋的结构安全。原则是，宁肯破坏门窗，也不要破坏墙体的结构，如墙内的钢筋。对于门窗尺寸的改动，业主应该与专业施工人员进行协商，确认不会影响到墙体安全后，才可以进行。

400 门窗改造要注意新门窗的质量

门窗是家居最重要组成部分之一，它们的质量以及安装施工，是整个居室装修改造成败与否的关键之一。如果选用的门窗质量较好，安装又得当的话，居室的装修改造才算成功。否则，最终的装修质量就会大打折扣，引起很多使用中的麻烦。

401 门窗改造应多花心思

在门窗改造中，尤其是对于一些门的设计改造，业主可以多花点心思。此外，多采用推拉形式、折叠形式以及玻璃材料，也是节约空间、制造时尚效果的良好办法。

402 门窗安装的作业条件

序号	内　容
一	安装前应先检查有无窜角、翘扭、弯曲、劈裂，如果有以上情况应先进行修理
二	门窗框靠地的一面应刷防腐漆，其他各面及窗扇均应涂刷一道清油。刷油后分类码放平整，底层应垫平、垫高，每层框与框、扇与扇之间垫木板条通风
三	安装外窗之前应从上往下吊垂直，找好窗框位置，上下不对应者应先进行处理。窗安装前应调试，提前弹好 50 线，并在墙体上标好安装位置
四	门框应依据图纸尺寸核实后进行安装，并按图纸开启方向施工，安装时注意裁口方向，安装高度按室内 50 线控制
五	门窗框安装应在抹灰前进行，门扇和窗扇的安装宜在抹灰完成后进行，如窗扇必须先行安装时应注意成品保护，防止碰撞和污染

TIPS

检查门窗洞口尺寸及标高是否符合设计要求。有预埋件的门窗洞口还要检查预埋件的数量、位置及埋设方法是否符合设计要求。如果不符合设计要求，要及时处理。

403 推拉门的最佳安装时间

一般来说，业主都会为了方便安装室内推拉门，目前在家庭装修中，推拉门也受到了许多关注。推拉门的安装取决于室内选择做明轨道还是暗轨道，如果是明轨道，要先把地板铺好再装门；如果是暗轨道，就需要先装门再铺地板。

404 防盗门的最佳安装时间

防盗门应该在刷漆之前安装，否则装门时会弄脏并有可能会损坏刷好的墙面，刷漆时门框附近贴上美纹纸，以免防盗门沾上漆。

405 套装门的最佳安装时间

木门的安装时间应该相对靠后，在地面瓷砖铺贴好，乳胶漆涂刷完之后。最好在橱柜和地板都安装完成后再进行。这是因为，若先安装木门再安装橱柜，那么搬运橱柜材料时就容易磕碰到厨房的木门。很多业主选择的厨房木门带有玻璃，这更增加了搬运过程对木门造成损毁的风险。

406 给门喷漆时需注意的事项

给门喷漆时，需要采取一定的防护措施，注意保护铰链、门锁等五金配件，必要的时候，还可以把门卸下来，把铰链、门锁摘掉后进行喷漆，这样保证了各配件不受喷漆覆盖，影响美观性。

407 门窗套安装时需要注意的事项

门套线碰角高低不平：

首先两条套线应该在同一平面，且高低一致，再要接缝严密。如果不符合要求，则要求工人立即整改。

门套不垂直、上下口宽度不一致：

做门套时，工人都用线坠来调门套的垂直度。门套上口根据墙面的水平线调水平度。检测门套的垂直度最简单的方法：用钢卷尺测量门套的上下口宽度，如果宽度不一致，则说明安装有问题了。

408 门窗安装必须先预留洞口

金属门窗、塑料门窗安装必须先砌墙留出洞口，再把门窗安到洞口中去，严禁边安装边砌洞口或先安门窗后砌墙。主要为防止以下两种结果：

序号	内　容
一	金属门窗和塑料门窗与木门窗不一样，除实腹钢门窗外都是空腹的，门窗料较薄，如锤击或挤压易引起局部弯曲和损坏

续表

序号	内　容
二	金属门窗表面都有一层保护装饰膜或防锈涂层，如保护装饰膜被磨损后，是难以修复的；防锈涂层被磨损后不及时修补，也会失去防锈作用

TIPS

金属门窗与墙体连接常采用射钉或焊接的方法。打射钉必须有坚固墙体，必须先砌墙，待门窗安装时墙体已坚固，如后砌墙则墙体不能承受射钉冲击力；焊接时需事先在墙体上预埋连接钢板，如后砌墙则难以预埋钢板。

409 木门窗安装施工步骤

木门窗分平开门窗、推拉门窗两类。平开门窗具有密封性好的特点；推拉门窗具有占用空间少的特点，可依据需要和爱好选择。木门窗一般采用红、白松及硬杂木干燥料，含水率不大于12%的木材。具体的安装步骤如下：

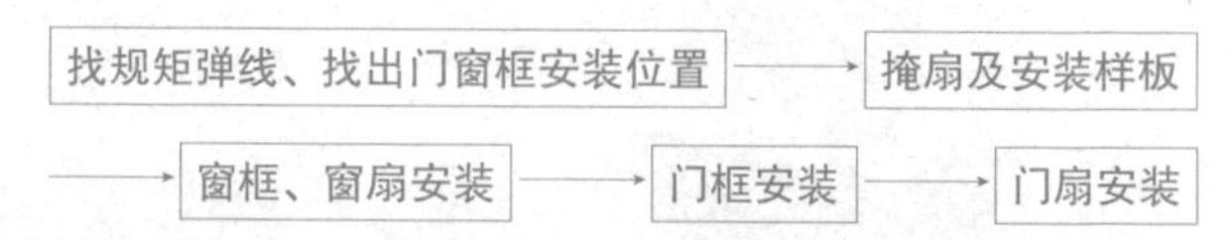

410 木门窗主要材料

序号	说　明
木门窗（包含纱门窗）	由木材加工厂供应的木门窗框和扇必须是经检验合格的产品，并具有出厂合格证，进场前应对型号、数量及门窗扇的加工质量全面进行检查（其中包括缝子大小、接缝平整、几何尺寸是否正确及门窗的平整度等）
五金件	钉子、木螺钉、铰链、插销、拉手、挺钩、门锁等小五金型号、种类及其配件准备

411 木门窗安装施工作业条件

序号	内　容
一	门窗框和扇安装前应先检查有无窜角、翘扭、弯曲、劈裂，如果有以上情况应先进行修理
二	门窗框靠地的一面应刷防腐漆，其他各面及扇均应涂刷一道清油。刷油后分类码放平整，底层应垫平、垫高。每层框与框、扇与扇之间垫木板条通风
三	安装外窗以前应从上往下吊垂直，找好窗框位置，上下不对应者应先进行处理。安装前应调试，50 线需提前弹好，并在墙体上标好安装位置
四	门框的安装应依据图纸尺寸核实后进行安装，并按图纸开启方向和要求安装，安装时注意裁口方向。安装高度按室内 50 线控制
五	门窗框安装应在抹灰前进行。门扇和窗扇的安装宜在抹灰完成后进行，如窗扇必须先行安装时应注意成品保护，防止碰撞和污染

根据木门构造的不同，木门可以分为全实木榫拼门、实木复合门、夹板模压空心门。其中实木复合门不变形、不开裂，还具有保温、耐冲击、阻燃等特性，且隔音效果良好，而且性价比相对高。实木复合门和全实木门一样自然雅致，但材质和款式更加多样，或是精致的欧式雕花，或是中式古典的各色拼花，或时尚现代，不同装饰风格的门可以给予业主更加广阔的挑选空间。

412 木门窗安装施工中木门框安装方法

应在地面工程施工前完成，门框安装应保证牢固，门框应用钉子与木砖钉牢，一般每边不少于两处固定，间距不大于 1.2m。若隔墙为加气混凝土条板时，应按要求间距预留 45mm 的孔，孔深 70 ~ 100mm，并在孔内预埋木橛粘 108 胶水泥浆加入孔中（木橛直径应大于孔径 1mm 以使其打入牢固）。待其凝固后再安装门框。

413 木门窗安装施工中窗框、扇的安装方法

序号	内　容
一	弹线安装窗框、扇应考虑抹灰层的厚度，并根据门窗尺寸、标高、位置及开启方向，在墙上画出安装位置线
二	有贴脸的门窗、立框时应与抹灰面平，有预制水磨石板的窗，应注意窗台板的出墙尺寸，以确定立框位置
三	中立的外窗，如外墙为清水砖墙勾缝时，可稍移动，以盖上砖墙立缝为宜
四	窗框的安装标高，以墙上弹50线为准，用木楔将框临时固定于窗洞内，为保证与相隔窗框的平直，应在窗框下边拉小线找直，并用铁水平尺将水平线引入洞内作为立框时标准，再用线坠校正吊直

414 木门窗安装施工中门扇安装的方法

序号	内　容
一	先确定门的开启方向及小五金型号和安装位置，对开门扇扇口的裁口位置开启方向，一般右扇为盖口扇
二	检查门口尺寸是否正确，边角是否方正，有无窜角；检查门口高度应量门的两侧；检查门口宽度应量门口的上、中、下三点并在扇的相应部位定点画线
三	将门扇靠在框上划出相应的尺寸线，如果扇大，则应根据框的尺寸将大出部分刨去，若扇小应帮木条，用胶和钉子钉牢，钉帽要砸扁，并钉入木材内1～2mm
四	第一次修刨后的门扇应以能塞入口内为宜，塞好后用木楔顶住临时固定。按门扇与口边缝宽合适尺寸，画第二次修刨线，标上铰链槽的位置（距门扇的上、下端1/10，且避开上、下冒头）。同时应注意口与扇安装的平整

续表

序号	内　容
五	门扇二次修刨，缝隙尺寸合适后即安装铰链。应先用线勒子勒出铰链的宽度，根据上、下冒头 1/10 的要求，钉出铰链安装边线，分别从上、下边线往里量出铰链长度，剔铰链槽时应留线，不应剔的过大、过深
六	铰链槽剔好后，即安装上、下铰链，安装时应先拧一个螺钉，然后关上门检查缝隙是否合适，口与扇是否平整，无问题后方可将螺钉全部拧上拧紧。木螺钉应钉入全长 1/3，拧入 2/3。如门窗为黄花松或其他硬木时，安装前应先打眼。眼的孔径为木螺钉 0.9 倍，眼深为螺线长的 2/3，打眼后再拧螺钉，以防安装劈裂或螺钉拧断
七	安装对开扇：应将门扇的宽度用尺量好再确定中间对口缝的裁口深度。如采用企口榫时，对口缝的裁口深度及裁口方向应满足装锁的要求，然后将四周修刨到准确尺寸
八	五金安装应按设计图纸要求，不得遗漏。一般门锁、碰珠、拉手等距地高度 95 ~ 100cm，插销应在拉手下面，对开门扇装暗插销时，安装工艺同自由门。不宜在中冒头与立挺的结合处安装门锁
九	安装玻璃门时，一般玻璃裁口在走廊内，厨房、厕所玻璃裁口在室内
十	由于门扇开启后易碰到墙，所以固定门扇位置应安装定门器，对有特殊要求的门应安装门扇开启器，其安装方法参照产品安装说明书

TIPS

单扇平开门、子母门、双扇对开门门洞预留尺寸为（套板的厚度为 32mm）：门洞高度 = 门扇高度 +40mm，门洞宽度 = 门扇宽度 +65mm。其他类型的组合门根据具体情况而定（注意：门洞高度是指从已做好洞口地面工程的净高度、门洞的宽度、厚度也是净尺寸）。

415 木门窗施工注意事项

序号	内　容
一	在木门窗套施工中，首先应在基层墙面内打孔，下木模。木模上下间距小于 300mm，每行间距小于 150mm
二	然后按设计门窗贴脸宽度及门口宽度锯切大芯板，用圆钉固定在墙面及门洞口，圆钉要钉在木模子上。检查底层垫板牢固安全后，可做防火阻燃涂料涂刷处理
三	门窗套饰面板应选择图案花纹美观、表面平整的胶合板，胶合板的树种应符合设计要求
四	裁切饰面板时，应先按门洞口及贴脸宽度弹出裁切线，用锋利裁刀裁开，对缝处刨 45°，背面刷乳胶液后贴于底板上，表层用射钉枪钉入无帽直钉加固
五	门洞口及墙面接口处的接缝要求平直，45° 对缝。饰面板粘贴安装后用木角线封边收口，角线横竖接口处刨 45° 接缝处理

416 铝合金门窗安装施工步骤

铝合金门窗，是指采用铝合金挤压型材为框、梃、扇料制作的门窗，简称铝门窗。铝合金门窗在出厂前要经过严格的性能试验，达到规定的性能指标后才能安装使用。具体的安装步骤如下：

预埋件安装 → 弹线 → 门窗安装 → 门窗框固定 → 门窗扇安装

417 铝合金门窗安装施工中预埋件安装的方法

序号	内　容
一	门窗洞口和洞口预埋件在主体结构施工时，应按施工图纸规定预留、预埋

续表

序号	内　容
二	洞口预埋铁件的间距必须与门窗框上设置的连接件配套
三	门窗框上铁脚间距一般为 500mm，设置在框转角处的铁脚位置应距转角边缘 100～200mm
四	门窗洞口墙体厚度方向的预埋铁件中心线如设计无规定时，距内墙面 100～150mm

418 铝合金门窗安装施工中门窗框安装的方法

序号	内　容
一	铝框上的保护膜在安装前后不得撕除或损坏
二	窗框安装在洞口的安装线上，调整正、侧面垂直度、水平度和对角线合格后，应用木楔临时固定
三	木楔应垫在边、横框能受力的部位，以免框子被挤压变形
四	组合门窗应先按设计要求进行预拼装，然后先装通长拼樘料，后装分段拼樘料，最后安装基本门窗框
五	门窗横向及竖向组合应采用套插，搭接应形成曲面组合，搭接量一般不少于 10mm，以避免因门窗冷热伸缩和建筑物变形而引起的门窗之间裂缝
六	缝隙要用密封胶条密封。若门窗框采用明螺栓连接，应用与门窗颜色相同的密封材料将其掩埋密封

419 铝合金门窗安装施工中门窗扇安装的方法

序号	内　容
一	框与扇是配套组装而成，开启扇需整扇安装，门的固定扇应在地面处与竖框之间安装踢脚板

续表

序号	内　容
二	内外平开门装扇，在门上框钻孔插入门轴、门下地面里埋设地脚并装设门轴。也可在门扇的上部加装油压闭门器或在门扇下部加装门定位器
三	平开窗可采用横式或竖式不锈钢滑移铰链，保持窗扇开启在 90° 之间自行定位。门窗扇启闭应灵活无卡阻、关闭时四周严密
四	平开门窗的玻璃下部应垫减震垫块，外侧应用玻璃胶填缝，使玻璃与铝框连成整体
五	当门采用橡胶压条固定玻璃时，先将橡胶压条嵌入玻璃两侧密封，然后将玻璃挤紧，上面不再注胶。选用橡胶压条时，规格要与凹槽的实际尺寸相符，其长度不得短于玻璃边缘长度，且所嵌的胶条要和玻璃槽口贴紧，不得松动

420 铝合金门窗安装施工注意事项

序号	内　容
一	门窗框与墙体之间需留有 15 ~ 20mm 的间隙，并用弹性材料填嵌饱满，表面用密封胶密封。不得将门窗框直接埋入墙体，或用水泥砂浆填缝
二	密封条安装应留有比门窗的装配边长 20 ~ 30mm 的余量，转角处应斜面断开，并用胶粘剂粘贴牢固
三	门窗安装前应核定类型、规格、开启方向是否合乎要求，零部件组合件是否齐全。洞口位置、尺寸及方正应核实，有问题的应提前进行剔凿或找平处理
四	为保证门窗在施工过程中免受磨损、变形，应采用预留洞口的办法，而不应采取边安装边砌口或先安装后砌口的做法

续表

序号	内　容
五	门窗与墙体的固定方法应根据不同材质的墙体而定。如果是混凝土墙体可用射钉或膨胀螺钉，砖墙洞口则必须用膨胀螺钉和水泥钉，而不得用射钉
六	如安装门窗的墙体，在门窗安装后才做饰面，则安装时应留出作饰面的余量
七	推拉门窗扇必须有防脱落措施，扇与框的搭接量应符合安全要求

421 塑钢门窗安装施工步骤

塑钢门窗是以聚氯乙烯树脂（UPVC）为主要原料，加上一定比例的稳定剂、着色剂、填充剂、紫外线吸收剂等，经挤出成型材，然后通过切割、焊接或螺接的方式制成门窗框扇，配装上密封胶条、毛条、五金件等，同时为增加型材的刚性，超过一定长度的型材空腔内需要填加钢衬（加强筋），这样制成的门户窗，称之为塑钢门窗。塑钢门窗的施工步骤如下：

弹线装位置线 → 框子安装连接铁件 → 立樘子 → 塞缝 → 安装小五金 → 安装玻璃 → 清洁

422 塑钢门窗安装施工中安装位置线的方法

门窗洞口的周边结构达到强度后，按照施工图纸弹出门窗安装位置线，同时检查洞口内预埋件的位置和数量。如预埋件位置和数量不符合设计要求或没有预埋铁件或防腐木砖，则应在门窗安装线上弹出膨胀螺栓的钻孔位置。且钻孔位置应与门窗框连接铁件的位置相对应。

423 塑钢门窗安装施工中立樘子的方法

把门窗放进洞口安装线上就位，用对拔木楔临时固定。校正、侧面垂直度、对角线和水平度合格后，将木楔固定牢靠。为防止门窗框受木楔挤压变形，木楔应塞在门窗角、中竖框、中横框等能受力的部位。门窗框固定后，应开启门窗扇，反复检查开关灵活度，如有问题应及时调整；用膨胀螺栓固定连接件时，一只连接件不得少于两个螺栓。如洞口是预埋木砖，则用两只螺钉将连接件紧固于木砖上。

424 塑钢门窗安装施工中塞缝的方法

门窗洞口面层粉刷前，除去安装时临时固定的木楔，在门窗周围缝隙内塞入发泡轻质材料，使之形成柔性连接，以适应热胀冷缩。从框底清理灰渣，嵌入的密封膏应填实均匀。连接件与墙面之间的空隙内，也需注满密封膏，其胶液应冒出连接件 1 ~ 2mm。严禁用水泥砂浆或麻刀灰填塞，以免门窗框架受震变形。

塑钢门窗与墙体之间的连接如果松动，会出现门窗摇晃、不垂直、不平整等问题，这时应拆除连接固定点进行纠正，然后将框上的铁脚和两侧及框下的铁脚预埋件焊牢。

425 塑钢门窗安装施工中清洁的方法

门窗洞口墙面面层粉刷时，应先在门窗框、扇上贴好防污纸以避免水泥砂浆污染。局部受水泥砂浆污染的，应及时用抹布擦拭干净。玻璃安装后，必须及时擦除玻璃上的胶液等污染物，直至光洁明亮。

426 撕掉塑钢门窗上保护膜的最佳时间

塑钢门窗的保护膜撕掉的时间应适宜，要确保在没有污染源的情况下撕掉保护膜。一般情况下，塑钢门窗的保护膜自出厂至安装完毕撕掉保护膜的时间不得超过 6 个月。如果出现保护膜老化的问题，应先用 15% 的双氧水溶液均匀地涂刷一遍，再用 10% 的氢氧化钠水溶液进行擦洗，这样保护膜即可顺利地撕掉。

427 全玻门安装施工步骤

全玻门所采用的玻璃品种（超过 1.2m^2 时应为安全玻璃）、颜色及各项性能应符合设计要求及相关标准的规定，并具有产品合格证及检测报告。玻璃的裁割、倒角及钻孔应尽量在加工厂完成。全玻门的安装施工步骤如下：

安装弹簧与定位销 → 安装玻璃门扇上下夹 → 上下夹固定 → 安装门扇 → 安装拉手

428 全玻门安装施工中安装弹簧与定位销的方法

门底弹簧应与门顶定位销在同一轴线上。安装时必须用吊线坠反复吊正，确保门底弹簧转轴与门顶定位销的中心线在同一垂直线上。

429 全玻门安装施工中安装门扇上下夹的方法

如果门扇的上下边框距门横框及地面的缝隙超过规定值，即门扇高度不够，可在上下门夹内的玻璃底部垫木胶合板条。如门扇高度超过安装尺寸，则需裁去玻璃扇的多余部分。如是钢化玻璃则需要重新定制安装尺寸。

430 全玻门安装施工中安装门扇的方法

先将门框横梁上的定位销用本身的调节螺钉调出横梁平面 2mm，再将玻璃门扇竖起来，把门扇下门夹的转动销连接件的孔位对准门底弹簧的转动销轴，并转动门扇将孔位套入销轴上，然后把门扇转动 90°，使之与门框横梁成直角。把门扇上门夹中的转动连接件的孔对准门框横框的定位销，调节定位销的调节螺钉，将定位销插入孔内 15mm 左右。

431 全玻门安装施工中安装拉手的方法

全玻璃门扇上的拉手孔洞，一般在裁割玻璃时加工完成。拉手连接部分插入孔洞中不能过紧，应略有松动；如插入过松，可在插入部分缠上软质胶带。安装前在拉手插入玻璃的部分涂少许玻璃胶，拉手根部与玻璃板紧密结合后再拧紧固定螺钉，以保证拉手无松动现象。

在装修完之后，家中的不少地方都会留下多余的玻璃胶，十分影响美观！现在常用的方法就是用一些有机溶液，如汽油、丙酮、二甲苯、天那水（香蕉水）等来清洗；如果是附着在玻璃上的胶，可以用刀轻轻刮一下，即可解决。

432 玻璃安装施工重点监控事项

序号	内　　容
一	镶嵌玻璃：钉完后用手轻敲玻璃，响声坚实，说明玻璃安装平实；如果响声“啪啦啪啦”，要重新取下玻璃，基层处理合格后，再上玻璃
二	安装玻璃：安装彩色玻璃和压花玻璃，应按照设计图案仔细裁切，接缝必须吻合，不允许出现错位、松动和斜曲等缺陷；安装压花玻璃或磨砂玻璃时，压花玻璃的花面应向外，磨砂玻璃的磨砂面应向室内；安装玻璃隔断时，隔断上框的顶面应有适量缝隙，以防止结构变形，将玻璃挤压损坏

433 玻璃安装施工注意事项

序号	内　　容
一	压条应与边框紧贴，不得弯棱、凸鼓
二	安装玻璃前应对骨架、边框的牢固程度进行检查，如不牢固应进行加固

续表

序号	内　容
三	玻璃分隔墙的边缘不得与硬质材料直接接触，玻璃边缘与槽底空隙应不小于 5mm。玻璃可以嵌入墙体，并保证地面和顶部的槽口深度：当玻璃厚度为 5 ~ 6mm 时，深度为 8mm；当玻璃厚度为 8 ~ 12mm 时，深度为 10mm。玻璃与槽口的前后空隙：当玻璃厚为 5 ~ 6mm 时，空隙为 2.5mm；当玻璃厚 8 ~ 12mm 时，空隙为 3mm。这些缝隙用弹性密封胶或橡胶条填嵌
四	使用钢化玻璃和夹层玻璃等安全玻璃为好。钢化玻璃厚不小于 5mm，夹层玻璃厚不小于 6mm，对于无框玻璃隔墙，应使用厚度不小于 10mm 的钢化玻璃
五	玻璃安装的其他施工要点同门窗工程的有关规定

434 全玻门安装施工中安装拉手的方法

在装修和使用过程中，纱窗容易拉动时卡死，回弹不归位，一般可以尝试以下解决办法：现在的纱窗一般为可调力型的，弹簧预上力如果偏小可以适当加大预上力；如果弹簧太细可更换粗一些的弹簧，以增强弹力。另外，出现卡死现象时，可反复较小心的拉动几次，很多时候也可以解决。

一般纱坏了就要整块更换，配件坏了自己也是修不好的，需要找厂家。所以做纱窗一定要找有售后服务的商家。

435 用复合地板做窗台板的方法

① 使用木质材料做窗台板是可行的，而且能够避免冷硬的感觉。用复合地板做窗台板也可以，但是，复合地板较窄，在镶拼之后，须有个收边的处理。如果找有经验的工人或者装修公司，是能够解决这个问题的；

如果是自己做，则要考虑好如何收边。地板原有的收边条太窄，是不能或做不好窗台收边的。因为，窗台的收边一定要凸出墙面一点，这样会比较美观。

② 解决办法是用 6~10cm 宽并且与地板一样厚的木条来收边，后期则由漆工用接近或同色的漆涂刷，尽可能与地板一致。如果追求新颖别致，也可上其他颜色的漆。

436 窗帘盒、窗帘杆安装的注意事项

项　目	说　明
窗帘盒两端伸出的长度不一致	主要是窗中心与窗帘盒中心未对准，操作不认真所致。安装时应核对尺寸使两端长度相同
窗帘轨道脱落	多数由于盖板太薄或螺钉松动造成。一般盖板厚度不宜小于 15mm；薄于 15mm 的盖板应用机螺钉固定窗帘轨道
窗帘盒迎面板扭曲	加工时木材干燥不好，入场后存放受潮，安装时应及时刷一遍油漆

437 窗帘盒施工安装步骤

窗帘盒一般采用胶合板、红白松及硬杂木干燥料，含水率不大于 12%，并不得有裂缝、扭曲等现象；一般由木材加工厂生产半成品或成品（也可在现场制作）、施工现场安装。根据设计选用恰当长度的木牙螺钉。窗帘盒的安装施工步骤如下：

定位画线 → 打孔 → 固定

438 窗帘盒的施工作业条件

序号	内　容
一	安装窗帘盒的房间，在结构施工阶段，应按设计要求预埋木砖或铁件。如设计无规定预埋件时，可用膨胀螺栓安装
二	安装窗帘盒的房间，应安装好窗框，室内抹灰完成
三	有吊顶采用暗窗帘盒的房间，吊顶施工与窗帘盒安装同时进行

439 窗帘盒安装施工中打孔的方法

用冲击钻在墙面画线的位置打孔。如用 M6 膨胀螺栓固定窗帘盒，需用冲击钻头冲孔，孔深应大于 40mm；如用木楔木螺钉固定，则自打孔直径应大于 ϕ18。孔深应大于 50mm。

440 窗帘盒安装施工中固定的方法

通常情况下固定窗帘盒的方法是膨胀螺栓和木楔配木螺钉固定法。膨胀螺栓将连接在窗帘盒上面的铁脚固定在墙面上，而铁脚用木螺钉连接在窗帘盒的木结构上。

441 木窗帘盒安装注意事项

项目	说　明
窗帘盒松动	主要是制作时松旷或同基体连结不牢固所致。如果是对接不紧应拆下窗帘盒修理后重新安装；如果是同基体连接不牢固，应将螺钉进一步拧紧，或增加固定点
窗帘盒不正	主要原因是没有弹线就安装，使两端高低差和侧向位置安装差超过允许偏差。应将窗帘盒拆下，按要求弹线后重装

442 阳台封装使用实木窗的优缺点

优点：

可以制作出丰富的造型，运用多种颜色，装饰效果较好。

缺点：

木材抗老化能力差，冷热伸缩变化大，日晒雨淋后容易被腐蚀。

443 阳台封装使用普通铝合金窗的优缺点

优点：

具有较好的耐候性和抗老化能力。

缺点：

隔热性不如其他材料，色彩比较单一，仅有白、茶色两种。

444 阳台封装使用断桥铝合金窗的优缺点

优点：

1.4 以上的铝材，在所有的基础上加上了隔热层；它也具有良好的隔音性、隔热性、防火性、气密性、水密性，防腐性、保温性、免维护等；它是金属铝性型材，可以长期使用不变形、不掉色。

缺点：

铝材的价格贵，制作成本比较高。

445 阳台封装使用无框窗的优缺点

优点：

具有良好的采光、最大面积空气对流、美观易折叠等。

缺点：

保温性差，密封性差，隔音效果一般。

TIPS

目前封闭阳台有无框结构和有框结构两种，无框结构在视觉方面和玻璃清洁方面以及解决圆弧阳台具有特别明显的优点，而且随着设计、生产技术的不断提升，无框结构在安全性和承压能力方面已经能够实现或者接近有框结构所能够达到的程度，因此，时下流行的封装结构以无框结构为主。

446 阳台栏杆的高度

项　目	说　　明
规范规定	根据国家设计规范中的相关要求，阳台栏杆的高度为：六层及以下不低于1.05m，六层以上不低于1.1m，高层建筑不高于1.2m
计算方法	栏杆高度计算是从阳台地面至栏杆扶手顶面的垂直高度。如果有的阳台还设有高度在0.5m以下的可以踩上去的部位，计算高度要从下面可踩物件的顶部计算
设计最低要求	在房屋结构设计中，一般来说，除非有特别的规定，不能低于1m

447 楼梯的标准踏步尺寸

按照标准，楼梯的每一级踏步应该高 15cm，宽 28cm；要求设计师对尺寸有个透彻的了解和掌握，才能使楼梯的设计行走便利，而所占空间最少。根据实际情况显示，楼梯踏步的高度应小于 18cm，宽度应大于 22cm。从建筑艺术和美学的角度来看，楼梯是视觉的焦点，也是彰显主人个性的一大亮点。

448 楼梯安装的施工步骤

楼梯，就是能让人顺利地上下两个空间的通道。它必须结构设计合理，楼梯的安装施工步骤如下：

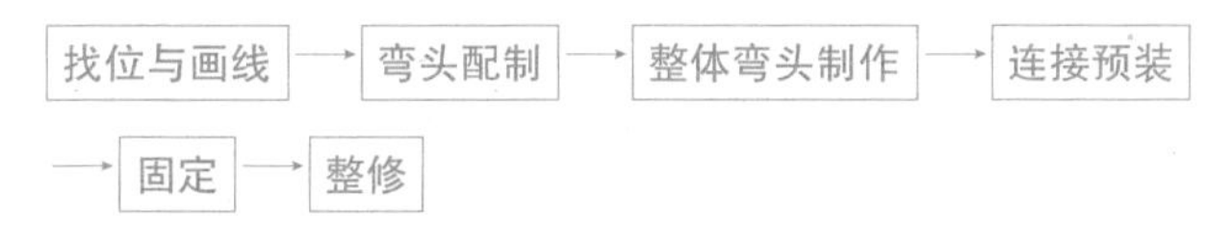

449 楼梯安装中找位与划线的方法

序号	内　容
一	楼梯安装中，找位与划线指的是安装扶手的固定件，比如位置、标高、坡度、找位校正后弹出扶手纵向中心线
二	按设计扶手构造，根据折弯位置、角度、划出折弯或割角线
三	楼梯栏板和栏杆定面，划出扶手直线段与弯、折弯段的起点和终点位置（必要时可借助 14# 铁线放样）

450 楼梯安装中弯头配置的方法

楼梯安装中，弯头配制指的是按栏板或栏杆顶面的斜度，配好起步弯头，一般木扶手，可用扶手料割配弯头。采用割角对缝黏结，在断块割配区段内最少要考虑用三个螺钉与支撑固定件连接固定，大于 70mm 断面的扶手接头配置时，除黏结外，还应在下面作暗榫或用铁件结合。

451 楼梯安装中整体弯头制作的方法

在楼梯安装中，整体弯头制作指的是先做足尺大样的样板，并与现场划线核对后，在弯头料上按样板划线，制成雏型毛料（毛料尺寸一般大于设计尺寸约 10mm）。按划线位置预装，与纵向直线扶手端头黏结，制作的弯头下面刻槽与栏杆扁钢或固定件紧贴结合。

452 楼梯安装中连接预装的方法

在楼梯安装中，连接预装指的是预制木扶手须经预装，预装木扶手由下往上进行，先预装起步弯头及连接第一支扶手的折弯弯头，再配上折弯之间的直线扶手料，进行分段预装黏结，黏结时操作环境温度不得低于 5℃。

453 楼梯安装中固定的方法

在楼梯安装中，固定指的是分段预装检查无误，进行扶手与栏杆（栏板）上固定件，用木螺钉拧紧固定，固定间距控制在 400mm 以内，操作时，应在固定点处先将扶手料钻孔，再将木螺钉拧入。

454 楼梯安装中整修的方法

在楼梯安装中，整修指的是扶手弯折处如有不平顺，应用细木锉锉平，找顺磨光，使其折角线清晰，坡角合适，弯曲自然，断面一致，最后用木砂纸打光。

455 楼梯要特别注意安全性

序号	内　容
一	楼梯在室内起到连通的功能，因此其安全是头等大事。楼梯的安全性首先体现在其承重能力上，特别是玻璃楼梯，能否承受家人之“重”尤为重要
二	楼梯装好后还要采取一定的防滑措施。木质踏板可选择专用的防滑垫（胶背垫），或粘金属颗粒。如果是玻璃踏板，要贴防滑条，或者做磨砂处理；楼梯的所有部件应光滑、圆润，没有突出的、尖锐的部分，以免对家人造成伤害

456 楼梯安装的最佳坡度

室内楼梯的常用坡度是 20~45°，最佳坡度是 30°左右，这是由踏步的宽度和高度来决定的。

457 楼梯扶手的最佳高度

通常楼梯扶手的高度应该是 90cm，楼梯平台的扶手高度应该在 90~110cm 左右。

458 楼梯的梯段宽度

通常单人通行的梯段一般不应该小于 80cm，双人通行的梯段为 100~120cm，三人通行的梯段通常为 150~180cm。需要注意的是，当梯段的宽度大于 180cm 的时候，通常应该设置靠墙扶手。

459 掌握实木楼梯安装的安全性

应该注意安装位置与结构形式，细节方面一定要合理。如要看看立柱是不是太矮，太矮会导致栏杆无法发挥保护作用，通常立柱的高度应该在 82~95cm 之间；楼梯的底梁是怎样做成的，其承重如何，千万不要只注重外表；哪种楼梯适合用单底梁或双底梁；家里面的墙体是什么样的，尽量选择大气、有支撑柱、简易的楼梯。

PART

12

地板及地毯工程

地板及地毯属于后期的施工项目，在墙面涂料涂刷之后才进行。地板根据材质与安装方法的不同，有实铺法与空铺法的区别，而每种铺贴方法又各有其施工工艺与技巧；地毯施工则注意裁切的方式与拼缝的细节处理。若这类细节处理的得当，其施工效果也会更加趋于完美。

460 木地板施工所需的材料

地板铺设施工所使用的主要材料有各种类别的木地板、毛地板、木格栅、垫木、撑木、胶粘剂、处理剂、橡胶垫、防潮纸、防锈漆、地板漆、地板蜡等。其中木地板的类别有实木地板、复合地板和竹木地板等，而目前大多数家庭都选择实木地板或者复合地板作为装修的地面材料。

安装实木地板的材料，木格栅是十分重要的，木格栅必须保证平直、不弯曲。并且不可有潮湿的现象，否则会导致后期使用中发生变形。

461 木地板施工的作业条件

序号	内　容
一	按照设计要求，事先把要铺设地板的基层做好（大多是水泥地面），基层表面应平整、光洁、不起尘，含水率不大于8%。安装前应清扫干净，必要时在其面上涂刷绝缘脂或油漆。房间平面如果是矩形，其相邻墙体必须相互垂直
二	安装地板面层，必须待室内各项工程完工和超过地板面承载的设备进入房间预定位置之后，方可进行，不得交叉施工；也不得在房间内加工。相邻房间内部也应全部完工

462 木地板安装的注意事项

① 不能安装在不平整或潮湿的地面上，如厨房和卫浴间；

② 不能安装在新铺设的水泥地面上；

③ 水泥地面至少应晾干80天；

④ 使用至少2mm厚的聚乙烯地垫；

⑤ 可以在水暖地面上铺设，但不能在电暖地面上铺设。

463 地板下铺竹炭的方法

项　目	说　　明
重点铺设	针对墙壁边、窗台下、门口处、地板与地砖接壤处的位置需要重点铺设，按照标准用量来操作
标准用量	标准用量按照检测报告是 $1m^2$ 使用 1kg 的竹炭颗粒，可以达到防止地垄变形、发霉、延长地板使用寿命，具体的用量根据实际情况而定。最好是按照标准用量来铺，这是最理想的
铺竹炭妙招	因为竹炭颗粒都会有些许炭末（炭末是在运输、生产过程中产生的，是不可避免的），铺的时候动作需要轻些，这样炭末不会扬起来，也不会弄脏旁边的东西，比如墙壁等

464 确定木地板走向的方法

一般以客厅的长边走向为准，如果客厅铺地板的话，其他的房间也跟着同一个方向铺。如果客厅不铺木地板，那么以餐厅的长边走向为准，其他的房间也跟着同一个方向铺。如果餐厅不铺木地板，那么各个房间可以独立铺设，以各个房间长边走向为准，不需要统一方向。

465 实木地板防变形的方法

一般采用“三油两毡”（三层沥青两层油毡纸，再在上面抹一层水泥，阻止有害气体释放）；更简单的处理方法是铺一层防潮膜。

在铺设的过程当中，实木地板不可有空鼓、翘边的现象。实木地板最易发生变形的情况，就是由边角凸起引发的。因此，铺设时，需处理好地板边角之间的连接。

466 实铺法实木地板的施工流程

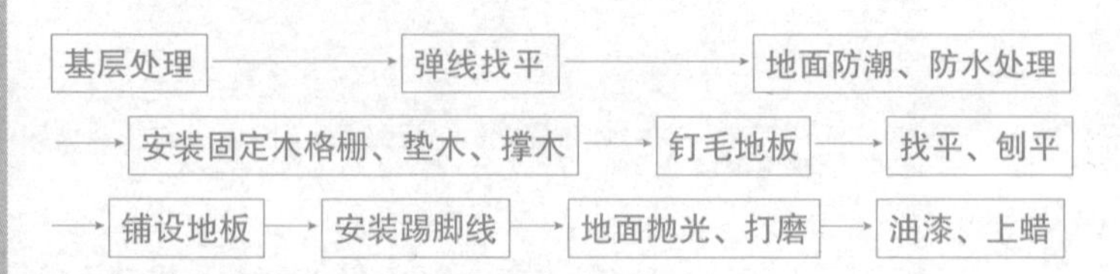

467 空铺法实木地板的施工流程

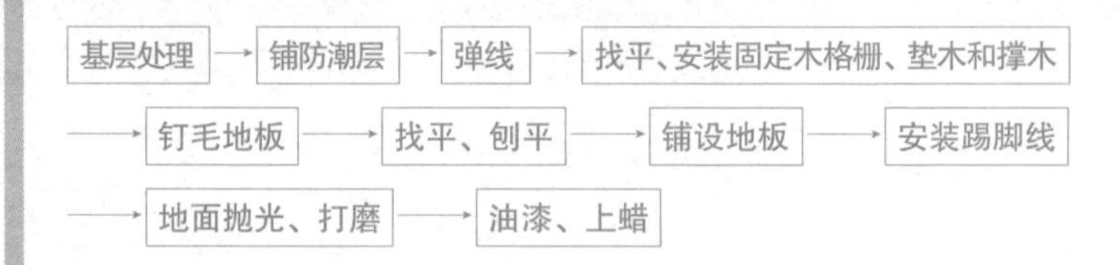

468 实木地板施工中基层清理的方法

序号	内容
一	实铺法施工时，要将基层上的砂浆、垃圾、尘土等彻底清扫干净
二	空铺法施工时，地垄墙内的砖头、砂浆、灰屑等应全部清扫干净

469 实铺法安装固定木格栅、垫木的方法

当基层锚件为预埋螺栓时，在格栅上划线钻孔，与墙之间注意留出30mm的缝隙，将格栅穿在螺栓上，拉线，用直尺找平格栅上平面，在螺栓处垫调平垫木；当基层预埋件为镀锌钢丝时，格栅按线铺上后，拉线，用预埋钢丝把格栅绑扎牢固；调平垫木，应放在绑扎钢丝处。锚固件不得超过毛地板的底面。垫木宽度不少于5mm，长度是格栅底宽的1.5～2倍。

470 空铺法安装固定木格栅、垫木的方法

在地垄墙顶面，用水平仪找平、贴灰饼，抹 1 ： 2 水泥砂浆找平层。砂浆强度达到 15MPa 后，干铺一层油毡，垫通长防腐、防蛀垫木。按设计要求，弹出格栅线。铺钉时，格栅与墙之间留 30mm 的空隙。用地垄墙上预埋的 10 号镀锌钢丝绑扎格栅。格栅调平后，在格栅两边钉斜钉子与垫木连接。格栅之间每隔 800mm 钉剪刀撑木。

471 实木地板施工中铺钉毛地板的方法

毛地板铺钉时，木材髓心向上，接头必须设在格栅上，错缝相接，每块板的接头处留 2 ~3mm 的缝隙，板的间隙不应大于 3mm，与墙之间留 8 ~ 12mm 的空隙。然后用 63mm 的钉子钉牢在格栅上。板的端头各钉两颗钉子，与格栅相交位置钉一颗钉帽砸扁的钉子。并应冲入地板面 2mm，表面应刨平。钉完，弹方格网点找平，边刨平边用直尺检测，使表面水平度与平整度达到控制要求后方能铺设地板。

472 实木地板施工中安装踢脚线的方法

先在墙面上弹出踢脚线上的上口线，在地板面弹出踢脚线的出墙厚度线，用 50mm 钉子将踢脚线上下钉牢再嵌入墙内的预埋木砖上。值得注意的是，墙上预埋的防腐木砖，应突出墙面与粉刷面齐平。接头锯成 45° 斜口，接头上下各钻两个小孔，钉入钉帽打扁的铁钉，冲入 2~3mm。

473 实木地板施工中抛光、打磨的方法

抛光、打磨是地板施工中的一道细致工序，因此，必须机械和手工结合操作。抛光机的速度要快，磨光机的粗细砂布应根据磨光的要求更换，

应顺木纹方向抛光、打磨，其磨削总量控制在 0.3~0.8mm。凡抛光、打磨不到位或粗糙之处，必须手工细刨、细砂纸打磨。

474 实木地板施工中油漆、打蜡的方法

地板磨光后应立即上漆，使之与空气隔断，避免湿气侵袭地板。先满批腻子两遍，用砂纸打磨洁净，再均匀涂刷地板漆两遍。表面干燥后，打蜡、擦亮。

475 强化复合地板的施工步骤

强化复合地板由耐磨层、装饰层、基层、平衡层组成。优点为耐磨，约为普通漆饰地板的 10~30 倍以上；美观，可用电脑仿真出各种木纹和图案；颜色稳定，彻底打散了原来木材的组织，破坏了各向异性及湿胀干缩的特性，尺寸极稳定，尤其适用于地暖系统的房间。强化复合地板施工步骤如下：

基层处理 → 铺地垫 → 铺设地板 → 安装踢脚线

476 多层实木地板的施工步骤

在地面上先铺上 2.5cm 厚的铺垫宝，然后再铺防潮垫，最后再铺上多层实木地板。铺垫宝的作用主要是平衡地面、防潮和增加脚感，而且它还有静音的作用，夜起时不会影响到家人的休息，既省时省力，又舒适实惠。

477 实木地板施工的注意事项

序号	内　容
一	实木地板要先安装地龙骨，然后再进行木地板的铺装
二	龙骨的安装应先在地面做预埋件，以固定木龙骨，预埋件为螺栓及铅丝，预埋件间距为 800mm，从地面钻孔下入
三	实铺实木地板应有基面板，基面板使用大芯板
四	地板铺装完成后，先用刨子将表面刨平刨光，将地板表面清扫干净后涂刷地板漆，进行抛光上蜡处理
五	同一房间的木地板应一次铺装完，因此要备有充足的辅料，并要及时做好成品保护，严防油渍、果汁等污染表面。安装时挤出的胶液要及时擦掉

478 铺设实木地板需要晾干

木地板，不管是素板还是漆板在铺设之前一定要先拆除包装，然后在通风环境下晾干，需要三天至一周时间。这是为了使木地板适应从工厂到装修工地的小气候。晾的方法是：把包装全部拆开；把拆开的实木地板按井字形叠起来，高度不宜超过 1m。

479 铺地毯的施工步骤

地毯，是以棉、麻、毛、丝、草等天然纤维或化学合成纤维类原料，经手工或机械工艺进行编结、栽绒或纺织而成的地面铺敷物。有减少噪声、隔热和装饰效果。广泛运用在家庭地面铺设中。

铺地毯的施工步骤如下：

基层处理 → 裁割 → 钉卡 → 拼缝 → 铺设 → 粘贴

480 铺地毯的施工作业条件

序号	内　容
一	在地毯铺设之前，室内硬装修必须完成
二	铺设楼地面毯的基层，要求表面平整、光滑、洁净，如有油污，须用丙酮或松节油擦净
三	应事先把需铺设地毯的房间、走道等四周的踢脚板做好。踢脚板下口应离开地面 8mm 左右，以便将地毯毛边掩入踢脚板下

481 铺地毯的施工基层清理的方法

地面铺设地毯前应保持干燥，含水率不得大于 8%。局部有酥松、麻面、起砂、潮湿和裂缝地面，必须返工后才可进行地毯铺设。

482 铺地毯施工中裁割的方法

地毯裁剪应在比较宽阔的地方集中统一进行。一定要精确测量房间尺寸，并按房间和所用地毯型号逐一登记编号。然后根据房间尺寸、形状用裁边机裁下地毯料，每段地毯的长度要比房间长出 20mm 左右，宽度要以裁去地毯边缘线后的尺寸计算。弹线裁去边缘部分，然后以手推裁刀从毯背裁切，裁好后卷成卷编上号，放入对号房间里，大面积房间应在施工地点剪裁拼缝。

483 铺地毯施工中钉卡的方法

地毯沿墙边和柱边的固定一般是在离踢脚线 8mm 处用钢钉或射钉将木板倒刺板钉在地面上。外门口或地毯与其他材料的相接处，则采用铝合金“L”形倒刺条、踢条或其他铝压条，将地毯的端边固定收口。

484 铺地毯施工中拼缝的方法

将纯毛地毯背面朝上铺平，对齐接缝，使花色图案吻合，用直针缝线缝合结实，再在缝合部位涂刷 5 ~ 6cm 的一道白乳胶，粘贴牛皮纸或白布条；粘接拼缝一般用于有麻布衬底的化纤地毯。先在地面上弹一条线，沿线铺一条麻布带，在带上涂刷一层地毯胶粘剂，然后将地毯接缝对好花纹图案，粘贴平整。

485 铺地毯施工中铺设的方法

先将地毯的一条长边固定在倒刺板上，毛边掩到踢脚板下，用地毯撑子拉伸地毯。拉伸时，用手压住地毯撑，用膝撞击地毯撑，从一边一步一步地推向另一边。如一遍未能拉平，应重复拉伸，直至拉平为止。然后将地毯固定在另一条倒刺板上，掩好毛边。长出的地毯，用裁割刀裁掉。一个方向拉伸完毕，再进行另一个方向的拉伸，直至四个边都固定在倒刺板上。

486 铺地毯施工注意事项

序号	内　容
一	在铺装前必须进行实测，测量墙角是否规正，准确记录各角角度。根据计算的下料尺寸在地毯背面弹线、裁割，以免造成浪费
二	地毯铺装对基层地面的要求较高，地面必须平整、洁净，含水率不得大于8%，并已安装好踢脚板，踢脚板下沿至地面间隙应比地毯厚度大2～3mm
三	倒刺板固定式铺设沿墙边钉倒刺板，倒刺板距踢脚板8mm
四	接缝处应用胶带在地毯背面将两块地毯粘贴在一起，要先将接缝处不齐的绒毛修齐，并反复揉搓接缝处绒毛，至表面看不出接缝痕迹为止
五	黏结铺设时刮胶后晾置5～10分钟，待胶液变得干黏时铺设
六	地毯铺设后，用撑子针将地毯拉紧、展平，挂在倒刺板上。用胶粘贴的地毯铺平后用毡辊压出气泡，防止以后发生变形。多余的地毯边裁去，清理拉掉的纤维
七	裁割地毯时应沿地毯经纱裁割，只割断纬纱，不割断经纱，对于有背衬的地毯，应从正面分开绒毛，找出经纱、纬纱后裁割
八	注意成品保护，用胶粘贴的地毯，24小时内不许随意踩踏

地毯在铺装前未铺展平，或是铺装时撑子张平松紧不匀及倒刺板中个别倒刺没有抓住会导致地毯起鼓。如地毯打开时，出现鼓起现象，应将地毯反过来卷一下后，再铺展平整。铺装时撑子用力要均匀，展平后立即装入倒刺板，用扁铲敲打，保证所有倒刺都能抓住地毯。

PART

13

厨房及卫生间工程

厨房及卫生间因为空间的特殊性与施工的复杂性，需要单独总结一章来说明。厨房及卫生间无论是排布电路，还是铺设水路，都需要仔细认真，因为这两处空间一旦发生施工问题，影响都是比较大的。掌握卫生间防水涂刷的最佳高度、厨房间煤气与天然气的改造技巧等，会提升施工的效率，避免一些细小的施工问题发生。

487 厨卫装修施工中要注意 PVC 管的保护

在地面电路铺设完毕后，应在铺设的 PVC 管两侧放置木方，或用水泥砂浆做护坡，以防止 PVC 管在工人施工中因来回走动而被踩破。强弱电的间距应该在 50cm 左右，以减少它们之间的电磁干扰，又可以防止安全事故的出现。

488 厨卫装修施工中要确保 PVC 管线连接紧密

电源线在埋入墙内、吊顶内、地板或地板内时必须穿 PVC 管，管内不应有结合扭结。电线保护管的弯曲处，应使用配套弯管工具制作或配套弯头，不应有褶皱。

489 厨卫装修施工中检查隔墙基层的方法

序号	内　容
一	检查包柱是否用红砖墙、水泥拉力板等。通常施工工艺要求厨卫房间的包柱都必须用红砖砌墙，并预留观察口，尺寸要与实际相符，便于将来维修
二	检查是否做水泥拉毛处理，拉毛处理可增加瓷砖的接触面，同时增强摩擦力，使瓷砖附着更加牢固

490 厨卫装修施工中检查隔墙基层的方法

通常家居中卫浴室、厨房、阳台的地面和墙面，一楼住宅的所有地面和墙面；地下室的地面和所有墙面都应进行防水防潮处理。重点是卫生间防水。

序号	内　容
一	地面防水，墙体上翻刷 30cm 高
二	淋浴区周围墙体上翻刷 180cm 或者直接刷到墙顶位置
三	有浴缸的位置上翻刷比浴缸高 30cm

491 厨卫装修施工中检查水管线的方法

PP-R 管安装布局应合理，横平竖直，并且注意管线不得靠近电源，与电源间距最短直线距离为 300mm，管线与卫生器具的连接一定要紧密，经通水试验无渗漏才可使用。

492 厨卫装修施工中检查地面排水情况的方法

厨房、卫浴间是排水的主要地方，所以地面找平应有一定坡度（2%），确保水在地面汇集成自然水流并最终流向地漏。但应该注意，不能单纯为了水流顺畅而过于强调坡度，因为坡度过斜，会影响美观与防滑。

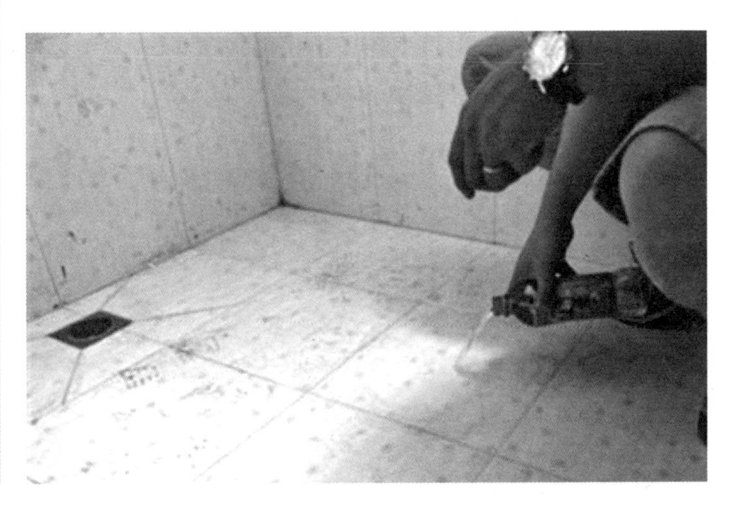

493 厨房改造时装修公司和橱柜厂家要紧密配合

如果有条件，一般家庭都会为旧厨房“量身定做”一套整体橱柜。一般来说除了考虑橱柜质量的优劣和整体厨房的布局是否合理外，还要注意橱柜厂家与装修公司的衔接是否协调，因为旧厨房的内部结构相对要复杂一些。

494 厨房的改造重点

项　目	说　　明
风格规划	应该注重厨房与其他空间的连贯和呼应关系；可采用混搭厨房风格设计，从机能、色彩、材质、造型、配饰等要素；强调厨房空间与其他家居空间的差异性
环境规划	不仅要先设计好橱柜的样式，在墙、顶、地面装饰搭配上也要合理安排
空间布局	在厨房结构布局方面，要兼顾厨具安置、管线改造等诸多方面；依照人体工程学原理，根据科学的厨房工作内容规划，合理安排厨房用具的功能、方位、尺寸
安全保证	应该进行尖利器防护设计，全面检查厨房内尖利部位，采取针对性的打磨清除、钝化处理；还要悉心设定儿童安保系统，比如，安全锁扣装置、防磕碰防烫伤保护等

495 煤气和天然气的改造必须由专业公司负责

煤气与天然气管道在旧厨房中的改造需慎重。这两种管道因受安全使用的限制，一般不可随意改动。如果不得不改时，必须经过物业公司的同意。改动时，由于专业性较强，同时为方便日后的维修，通常由煤气、天然气公司或物业公司指定的专业公司负责改动。

496 厨房装修施工中包立管的方法

采用红砖或轻体砖垒砌，这样立管的阴阳角就不会开裂，墙砖也不会空鼓。立管还应做防噪声处理，并留出必要的检修口。

497 厨房装修施工中烟道改造的方法

项　目	说　　明
西式烟机	一般烟道的走向为垂直向上，外加不锈钢烟道装饰板，烟道口可改入吊顶内
中式烟机	由于烟道导管外一般无装饰板，则烟道口需改在吊顶下适当位置，以便烟道导管经装饰板或从烟机吊柜内同烟机连接

498 厨房装修施工中水路改造的方法

新楼在厨房设计上日趋合理，基本上都是双路供水，并预留微波炉、排风扇等使用的两至三个插座，所以对水、电路的改动不大。但旧房一般是单路供水，因此在厨房装修时，最好能增加一个热水管道。另外，一般家庭卫浴比较小，只能把洗衣机放在厨房中，这就必须再接一个上水管，同时增加地面排水管。需要提醒的是，受结构的限制，水路改动只能改上水，不能改下水。

499 厨房装修施工中做防水的方法

厨房防水重点是要确保洗菜盆的位置和地面的倾角。前者最关键是做好接口的防水。有一些人认为用组合式的橱柜可以避免这个问题，其实并不是这样的。如果用夹板做的橱柜受水后通风就行，而组合式的橱柜受水就会膨胀，造成后表面防火板层脱离。橱柜的坐地部分可以做 10cm 高的砖台，防水比较有效。

厨房放置洗衣机时，上排水可直接把排水管接到下水管中，这种情况可不做防水；需要注意的是，在下排水时是必须要做防水的，在装修过程中，施工人员对厨房地面工程的质量要求相对来说是比较高的，因为这部分的地面工程如果要进行返工的话，是非常难处理的。

500 厨房下水不能一口多用

厨房下水口最好不要一口多用，这样比较麻烦。在施工时，必须将下水口打开，安装一种建材市场卖的类似于三通的下水口，这样就可以解决一口两用的问题，同时，也需要重做该部分的防水施工。

501 厨房非承重墙安装吊柜的方法

项目	说　明
非承重墙加固	对于夹层或者隔断的非承重墙来说，可以使用箱体白板或者依据墙体受力情况采取更厚一些的白板，固定在墙体上，来对墙体进行加固加厚。而非承重墙承受力度实在太低的话，可以做成 U 形板材，将白板与其他承重墙体固定，把受力点转移到其他承重墙体上，再安装橱柜。但这种在加工和安装上比较困难，需要安装工人经验丰富，考虑周到。这种方法安全方便，造价也十分便宜

续表

项目	说　明
使用吊码挂片	吊码挂片是一种上面有均匀孔位的铁片，在安装时使用得少，需要使用它的情况一般比较特殊：比如墙上有管道，在胀栓不够长的情况下，橱柜无法固定（是悬空的）；或者水电线路从墙体里经过时，无法直接固定。但这种挂片很贵，而且很难在建材市场买到

502 橱柜、吊柜及固定家具安装作业条件

序号	内　容
一	结构工程和有关壁柜、吊柜的构造连体已具备安装壁柜和吊柜的条件，室内已有标高水平线
二	壁柜框、扇进场后及时将加工品靠墙、贴地，顶面应涂刷防腐涂料，其他各面应涂刷底油一道，然后分类码放平整，底层垫平、保持通风
三	壁柜、吊柜的框和扇，在安装前应检查有无窜角、翘扭、弯曲、壁裂，如有以上缺陷，应修理合格后，再进行拼装。吊柜钢骨架应检查规格，有变形的应修正后进行安装
四	壁柜、吊柜的框安装应在抹灰前进行，扇的安装应在抹灰后进行

503 橱柜安装施工步骤

整体橱柜，亦称“整体厨房”，是指由橱柜、电器、燃气具、厨房功能用具四位一体组成的橱柜组合。其特点是将橱柜与操作台以及厨房电器和各种功能部件有机结合在一起，并按照厨房结构、面积、以及家庭成员的个性化需求，通过整体配置、整体设计、整体施工，最后形成成套产品；实现厨房工作每一道工序的整体协调，并营造出良好的家庭气

氛、浓厚的生活气息。整体橱柜的安装施工步骤如下：

墙地面基层处理 → 安装产品检验 → 安装吊柜 → 安装底柜 → 接通、调试给排水 → 安装配套电器 → 测试调整 → 清理

504 橱柜安装的做法详解

序号	内　容
一	吊柜的安装应根据不同的墙体采用不同的固定方法
二	底柜安装应先调整水平旋钮，保证各柜体台面、前脸均在一个水平面上，两柜连接使用木螺钉，后背板通管线、表、阀门等应在背板划线打孔
三	安装洗物柜底板下水孔处要加塑料圆垫，下水管连接处应保证不漏水、不渗水，不得使用各类胶粘剂连接接口部分
四	安装不锈钢水槽时，应保证水槽与台面连接缝隙均匀，不渗水
五	抽油烟机的安装，要注意吊柜与抽油烟机罩的尺寸配合，应达到协调统一
六	安装灶台，不得出现漏气现象，安装后用肥皂沫检验是否安装完好

505 橱柜安装施工常见问题

① 台面、门板颜色没有明确而造成失误，尤其是选择之后又修改的情况。如果在橱柜装修过程中有修改的项目，最好记录下来。

② 烤箱或消毒柜在地柜下面，电器的后面装了插座，插拔麻烦。如果遇到这种问题可以在插座的正上方或者其他地方安装一个开关。

③ 地柜和吊柜中间电源位置过低，在800～1000mm。台面上的小电器把插头挡上，操作麻烦。地柜和吊柜中间电源距离地面应该在1200mm左右。

506 壁柜、隔板、支点安装的方法

壁柜、吊柜及固定家具安装中，壁柜、隔板、支点安装是指按施工图隔板标高位置及要求的支点构造安设隔板支点条（架）。木隔板的支点，一般是将支点木条钉在墙体木砖上，混凝土隔板一般是“匚”形铁件或设置角钢支架。

507 壁柜、吊柜扇安装方法

安装时应将铰链先压入扇的铰链槽内，找正拧好固定螺钉，试装时修铰链槽的深度等，调好框扇缝隙，框上每支铰链先拧一个螺钉，然后关闭，检查框与扇平整、无缺陷，符合要求后将全部螺钉安上拧紧。木螺钉应钉入全长 1/3，拧入 2/3，如框、扇为黄花木或其他硬木时，铰链安装螺钉应划位打眼，孔径为木螺钉直径的 0.9 倍，眼深为螺钉的 2/3 长度。

在吊柜扇安装完毕之后，需反复地开合，以检查安装的牢固度与使用是否便捷。如发现过紧或过松，则需调节螺钉到开合舒适的情况。

508 橱柜、吊柜及固定家具安装成品保护的方法

序号	内　容
一	木制品进场及时刷底油一道，靠墙面应刷防腐剂处理；钢制品应刷防锈漆，入库存放
二	安装壁柜、吊柜时，严禁碰撞抹灰及其他装饰面的口角，防止损坏成品面层
三	安装好的壁柜隔板，不得拆动，应保护产品完整

509 橱柜、吊柜及固定家具安装注意事项

项　目	说　明
抹灰面与框不平，造成压缝条不平	主要是因框不垂直，面层平度不一致或抹灰面不垂直
柜框安装不牢	预埋木砖安装时碰活动，固定点少，用钉固定时，要数量够，木砖埋牢固。铰链不平、螺钉松动、螺母不平正：主要原因，铰链槽深浅不一，安装时螺钉钉入太长。操作时螺钉打入长度 1/3，拧入深度应 2/3，不得倾斜
柜框与洞口尺寸误差过大	造成边框与侧墙、顶与上框间缝隙过大，注意结构施工留洞尺寸，严格检查确保洞口尺寸

510 装修卫浴间地面应注意防水、防滑

卫生间地砖是否防滑，关键在于卫生间地砖表面的摩擦力。一般防滑性较好的地砖就是制作时通过制作纹路或其他方式，让地砖有一定的粗糙感，增大砖面与脚底的摩擦力，从而使人走在上面不易滑倒。所以卫浴间地面最好用有凸起花纹的防滑地砖，这种地砖不仅有很好的防水性能，而且即使在沾水的情况下，也不会太滑。

511 装修卫浴间顶部要注意防潮

卫浴间顶部要注意防水气，所以最好采用防水性能较好的 PVC 扣板。这种扣板可以安装在龙骨上，还能起到遮盖管道的作用。

512 装修卫浴间电路要注重安全性

卫浴间内有水电路需要改造时，业主应事先向设计师索要一张电路改造图，如果施工过程中有所改动，业主还要与设计师沟通再画一张改造图，然后开始施工，最好不要边施工边修改，以免以后在对墙体施工时，弄坏电线引起事故。

513 卫浴间吊顶安装方法

安装铝扣板时，如尺寸有偏差应先予调整后按顺序镶插，不得硬插，以防变形。大型灯具、排气扇等应单独做龙骨固定，不应直接悬吊在铝扣板上。

514 卫浴间门槛石的施工要点

门槛上平面要往浴室内侧倾斜，以使水珠可顺利滑向浴室内。门槛要和门框同宽，且门框要和墙壁厚度相同，这样在铺设地砖时不会有大的出入，产生破口的机会也会相对地减少。

515 卫浴间做防水的最佳高度

防水高度一般为 1.8m，可以参照国家标准，4m^2 左右的卫浴间可以这样施工，6m^2 左右的可以分干湿区，淋浴附近 1.5m 范围内作 1.8m 高，其余做 50cm 高就可以，这样既能省钱又达到防水目的。

516 卫浴间地面的最佳坡度

卫浴间的地面应坡向地漏方向，坡度为 1%~3%，地漏口标高低于地面标高应不小于 2mm，以地漏为中心半径的范围内，排水坡度应为 3%~5%。卫浴间设有浴盆时，盆下地面坡向地漏的排水坡度，也为 3%~5%。

517 卫浴间水路改造的重点

如果要决定在墙上开槽走管的话，最好先问物业，预计走管的地方能不能开槽，要是不能，最好想其他方法。给坐便器留的进水接口位置一定要和坐便器水箱离地面的高度适配，如果留高了，最后装坐便器时就有可能冲突。

518 卫浴间做闭水试验的方法

一般在屋面、卫浴间或有防水要求的房间做此试验。蓄水试验的前期每 1 小时应到楼下检查一次，后期每 2~3 小时到楼下检查一次。若发现漏水情况，应立即停止蓄水试验，进行防水层完善处理，处理合格后再进行蓄水试验。

519 卫浴间铺好地砖后发现往楼下漏水的处理办法

墙缝渗水比较麻烦，必须凿除地面地砖进行防水处理，防水不光要做地面，墙面翻边也要做。如果是原建筑商没做防水或者原有防水出问题，则这个费用损失可以找他们承担；如果是自己装修过程中破坏了原有防水，则需要自己修补。

520 做卫浴下水的注意事项

地漏水封高度要达到 50mm，才能不让排水管道内的浊气泛入室内；地漏应低于地面 10mm 左右，排水流量不能太小，否则容易造成阻塞；如果地漏四周很粗糙，则容易挂住头发、污泥，造成堵塞，还特别容易滋生细菌；地漏箅子的开孔孔径应该控制在 6~8mm，有效防止头发、污泥、沙粒等污物进入地漏。

521 卫浴间下水管的尺寸标准

序号	内　容
一	与洗脸盆、洗涤盆、浴盆、卫生盆相连的排水支管：DN32（下水管尺寸直径为 32mm），规格较大者可采用 DN40（下水管尺寸直径为 40mm）的
二	与小便器、小便斗相连的排水支管：DN50（下水管尺寸直径为 50mm）或 DN75（下水管尺寸直径为 75mm）
三	与坐便器相连的排水管：DN110（下水管尺寸直径为 110mm）
四	接有坐便器的排水横管、排水立管：不得小于 DN110（下水管尺寸直径为 110mm）

522 旧房卫浴间管线要仔细检查

卫浴间原有的水路管线往往有许多不合理的布局，在装修时一定要对原有的水路进行彻底检查，看其是否锈蚀、老化；如果原有的管线使用的是已被淘汰的镀锌管，在施工中必须全部更换为铜管、铝塑复合管或 PP-R 管。

523 旧房卫浴间要增强通风

很多老式洗手间的通风都不太好，随着现代人对健康的重视，卫浴间的通风越来越重要了，因此，在卫浴间增加排风扇就非常有必要；安装排风扇时要注意，如果卫浴间很小，面积在 $2m^2$ 以内，在坐便器上方安装一台功率较大的排风扇就可以了，但如果卫浴间的面积在 $4m^2$ 以上，又是暗卫的话，最好能在沐浴区也安装一台，以增加通风量，尽快把室内的湿气排出去。

524 旧房卫浴间管道改造需要注意的问题

在进行旧房改造时，一般需将管道改为目前通用的 PP-R 管，这种改造有利于改善老房居民用水质量。如果在二次装修时确实不方便将管道置换成 PP-R 管，也应当为它增加相应饮用水过滤装置。

525 旧房卫浴防水的注意事项

序号	内　容
一	重视旧房的防水问题。老房子经过多年使用，原有设备陈旧，是有可能存在漏水现象的，家装公司应当在装修前做好闭水试验，验证其是否完好
二	老房子的改造中，需要对老化、过时的瓷砖进行剔除更换。在剔除的过程中，震动很大，也有可能会造成防水震裂，使其出现问题，因此如果旧房进行了剔除瓷砖的装修步骤，应当在之后重新进行闭水试验，确保防水没有问题

526 卫浴下水管道改造的方法

序号	内　容
一	和楼下的业主商量，利用原先的主管，支管洞按目前需要重新排布，用小钻开孔，安装完毕后卫浴间重新做防水，这样一来效果最好，室内高差不冲突
二	把卫浴间地板抬高，支管从楼板上面走，是用 PVC 排水管而不是 PP-R 管，保证有 1% 的坡度，以后就不会存在排水不通畅的问题

527 卫浴改为衣帽间的方法

序号	内　容
一	不管楼上是住户还是屋顶，防水毕竟不能控制，最稳妥的办法是吊顶做成防水的，并有一定坡度，在最低的地方接根管，接到下水道，万一上面漏水可以避免东西被淋
二	上下水的管道夏季有冷凝水，容易使储藏室湿度变大，因此需要把上下水的管道包起来，留出维修的检查口；地面 15cm 以上才能放置东西，以防止管道破裂堵塞造成漏水把物品淹没

528 卫浴屋顶过低的处理方法

室内装修的管道问题是人们都很关注的问题，一般情况下，管道是绕墙面的一圈走，如果层高本来就很低，管道就会变得更压抑，这时可以适当考虑将管道包成阶梯式吊顶，从而达到缓解层高的问题。

529 浴缸安装的注意事项

在安装裙板浴缸时，其裙板底部应紧贴地面，楼板在排水处应预留 250~300mm 洞孔，便于排水安装，在浴缸排水端部墙体设置检修孔。其他各类浴缸可根据有关标准或用户需求确定浴缸上平面高度。然后砌两条砖基础后安装浴缸。如浴缸侧边砌裙墙，应在浴缸排水处设置检修孔或在排水端部墙上开设检修孔。

安装浴缸时，切记不要发生磕碰等情况。由于浴缸是陶瓷的材料，其表面很脆，遇到硬物的撞击很容易发生裂纹。因此，安装时需注意浴缸本身的保护。

530 浴室花洒的安装高度

浴室花洒安装高度一般是根据使用者身高来决定的，以使用者举手后手指刚好碰到的高度为准。但是，一般家庭成员肯定是高矮不一的，所以标准的高度可以选择在 2m 处安装。

531 卫浴间镜子的安装高度

① 卫浴间镜子的高度要以家里中等身材的人为标准去衡量，一般可以考虑镜子中心到地面 1.5m 左右。

② 家中身材中等的人站在镜子前，他的头顶在整个高度的四分之三处最合适，按这种高度安装的镜子就基本照应到了家里所有成员了。

③ 另外，如果镜子是安装在洗脸盆上方，其底边最好离台面 10~15cm。镜子旁边还可以装个能够前后伸缩的镜子，这样可以方便全方位观察自己。

532 卫浴地漏安装事项

地漏应低于地面 10mm 左右，排水流量不能太小，否则容易造成阻塞。如果安装的是多通道地漏，应注意地漏的进水口不宜过多，如果一个本体就有三四个进水口，不仅影响地漏的排水量，也不符合实际使用需要。一般有两个进水口就可以满足使用需要了。

533 洗面盆安装的注意事项

洗面盆与排水管连接后应牢固密实，且便于拆卸，连接处不得敞口。并且，洗面盆与墙面接触部应用硅膏嵌缝。如洗面盆排水存水弯和水龙头是镀铬产品，在安装时不得损坏镀层。

534 坐便器安装的注意事项

给水管安装角阀高度一般距地面至角阀中心为 250mm，如安装连体坐便器应根据坐便器进水口离地高度而定，但不小于 100mm，给水管角阀中心一般在污水管中心左侧 150mm 或根据坐便器实际尺寸定位。

535 蹲便器的安装方法

蹲便器安装前，先检查排污管及产品内通道是否有异物。先试着固定蹲便的安装位置、高度，以及排污口和排污管如何对接，之后把蹲便器取走。安装进水和水箱，进水管内径 28mm 左右，水箱底部至蹲便器进水口中的距离为 1500~1800mm，如安装管式，手压在 0.2MPa 以上，用水量 9L。

536 蹲便改坐便应去掉存水弯

如果原有的蹲便有存水弯，必须将存水弯去掉。由于坐便本身就有存水弯，如果不在改造的时候去掉这个蹲便存水弯，以后在使用坐便的时候会出现下水不畅的问题，万一堵塞疏通的时候也很麻烦。

537 安装墙排式坐便器的方法

墙排坐便器，也可以叫做挂壁式坐便器，或是入墙式坐便器和侧排式坐便器。根据家里的卫浴间的布局，确定墙排坐便器的安装位置，再弄好排水管。整个隐蔽式水箱的安装过程相对来说是简单的。但是建议由专业技术人员来操作，费用一般在 400 元以下。

538 浴霸安装应注意出风口

换气扇需要一个风口才能将室内空气吸出。出风口的直径一般为 10cm，一般要在吊顶前就需要开好，否则安装时会比较麻烦。

出风口的开孔应该在装修拆除工程之后，砌筑工程与瓦工进场之间完成。出风口的位置需紧靠外墙，并且不能与浴霸的安装位置过远。

539 浴霸安装要注意留线

一般灯暖型浴霸要求 4 组线（灯暖两组、换气 1 组、照明 1 组）由 5 根电线（顶上面是 1 根零线 4 根控制相线，下面开关处是 1 根进相线，4 根控制出相线）。风暖型浴霸（PTC 陶瓷发热片取暖）要求用 5 组线（照明 1 组、换气 1 组、PTC 发热片 2 组、内循环吹风机负离子 1 组）。

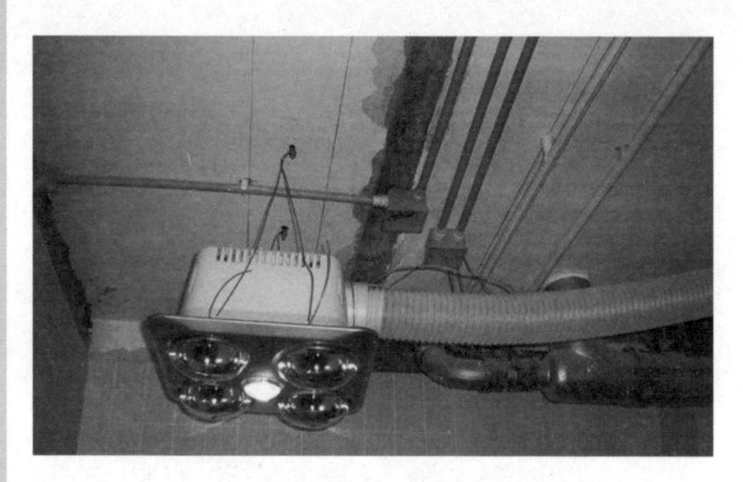

PART 14

安装工程

安装工程主要针对一些需要业主自己安装的家具。如灯具、沙发、床、衣柜、装饰画等，这类项目并不是全部包安装的，这时就需要业主自己掌握一定的安装技巧。如掌握灯具的安装高度、灯具电线连接的方法；板式家具的组装技巧；装饰画的悬挂方式，或者考虑怎样的装饰画悬挂方法等。

540 灯具安装前最好设计为分控开关

在装灯具时，如果装上分控开关，可以省去很多麻烦。因为如果只有一个总开关，几盏灯同开同闭，就不能选择光线的明暗，也会浪费电能，而装上分控开关可以随时根据需要选择开几盏灯。如果房屋进门处有过道，在过道的末端最好也装一个开关，这样进门后就能直接关掉电源，而不需要再走回门口关灯。

541 掌握灯具最佳安装位置

直线形的白炽灯或者是荧光灯应该安装在朝向橱柜的前面部分。这样，灯发出的部分光会射向后挡板，然后反射到操作台上，再射向整个空间的中心。

542 吊灯安装的电线不应紧绷

吊灯安装时，会有电线从顶上延长到灯头部位，要注意，这根电线不能是绷紧的，应该是松松缠着拉杆走下去的，不然以后这根长期绷紧的电线很容易出问题。

543 吊灯安装后揭掉防滑膜的方法

很多吸顶灯具上面都有防划伤的膜，安装后需要揭下来，有时会非常困难，其实有个小窍门，可以用吹风机吹一下这个膜，然后再揭就可以非常轻松了。

544 吊顶的安装方法

吊灯固定首先也要画出钻孔点，使用冲击钻打孔，再将膨胀螺钉打进孔。值得注意的，由于吊灯的负重一般大于吸顶灯，要先使用金属挂板或吊钩固定顶棚，再连接吊灯底座，这样能使吊灯的安装更牢固。

545 吊顶安装不应过低

吊灯不能安装得过低，使用吊灯要求房子有足够的层高，吊灯无论安装在客厅还是饭厅，都不能吊得太矮，以不出现阻碍人正常的视线或令人觉得刺眼为合适，一般吊杆都可调节高度。如果房屋较低，使用吸顶灯更显得房屋明亮大方。

546 灯具安装的底盘需固定牢固

注意底盘固定牢固安全，灯具安装最基本的要求是必须牢固。安装各类灯具时，应按灯具安装说明的要求进行安装。如灯具重量大于 3kg 时，应采用预埋吊钩或从屋顶用膨胀螺栓直接固定支吊架。

547 家具安装前应仔细阅读安装图纸

安装前要仔细阅读安装图纸，并准备常见的工具，如平口、十字口螺钉刀、榔头等。拆开零件包装后最好不要搞混，如果类似的零件比较多，图纸会画出实物大小的比较图，把不用的零件打叉，非常容易分清各种零件。

548 组合柜、电视柜、装饰柜的安装方法

对于组合柜、电视柜、装饰柜的柜类家具，一般由底部装起，在上五金件时首先要检查是否有 CD 架及小门这些必须先装好，注意抽屉是否有大小、斜边，安装时以免混淆，另外切不能漏装木塞、磁碰及木胶等，影响产品质量。

549 衣柜、床、梳妆台的安装方法

对于包含衣柜、大床、梳妆台及凳、床头柜的套间，安装应从大到小，先衣柜、妆台凳或电脑书台、床头柜，最后是大床。衣柜一般是删起正面朝下，如果顶板及底板前面的幅度太大（也就是顶板及底板前面有一个很大的弯度），就应背朝下组装。

550 实木沙发的安装方法

组合式的实木沙发一般先将侧扶手板连接靠背板，然后装前横条，接着是另一面扶手板，然后是坐板最后是沙发脚。安装螺钉时不要一次拧到底，在打进 2/3 时，将整个架装好后平放地面用力踩平铁架，再拧紧螺钉，这样可以避免装好后出现沙发不平的现象。

551 定制家具安装前需检查包装

检测包装是否完好无损，是否有破损，如果一旦发现有这样的情况，一定要求现场安装人员开箱检查破损部位的内部家具，是否有磕碰，划伤等运输问题。一旦发现问题，一定要及时与商家的售后人员沟通，并且让安装人员确认情况，以保护自己的切身利益。

552 可以 DIY 安装的家具类型

一般的板式家具（通常是没有任何的造型，纯木板结构）的家具可以 DIY 安装，但仅限于一些小件家具，比如小鞋柜，小坐榻等；大件家具、实木家具，或者有非常复杂的造型的家具，如大衣柜，门厅柜等，不适于 DIY 安装。

553 家具安装时注意对其他位置的保护

安装时要注意家中的其他位置的保护，因为家具一般在家装过程中是最后进场（不装修的话更要保护家里的物品），家具安装完，就要做保洁了。重点保护的对象是：地板（尤其是实木地板）、门套、门、楼梯、墙纸、壁灯等。

554 衣柜安装需确定好尺寸

一定要确定好衣柜摆放位置，多大尺寸，内部结构，安装完的效果是怎样的。还要注意电源开关，插座位置，空调安装位置，是否有石膏线，地脚线，地板铺设的厚度，现场安装位置够不够（或是立着安装）等等。

555 装饰画安装尺寸应根据空间大小来确定

空间比较大的房间可以使用版幅比较大的装饰画来进行装饰，并且可以根据房间的采光情况来判断装饰的方位和性质，以及装饰画安装的高度。要按是否符合人体工程学来进行判断。

556 装饰画安装的注意事项

在墙面上安装需要注意悬挂上面的事情，对于装饰画的重量、位置和固定都要特别注意，因为装饰画如果固定得不牢固会容易掉落，从而损害装饰画，还有可能发生砸伤的危险。

557 依据视觉角度悬挂装饰画

① 根据人的视觉平均水平线 1.55~1.65m 的标准，在仰角呈 60° 范围内选择悬挂高度；与此同时兼顾装饰画总高度及相关家具尺寸上下调节。

② 就规律而言，画面中心多在视点略高一点的位置上。多幅装饰画悬挂需依据现场情况的调整。特殊造景装饰画可参照设计师的设计构思。

③ 参考已安置好的家具，决定装饰画位置。如参照沙发背高度及装饰画的尺寸，在依据以上的法则定位；或根据对称法则，视觉平衡法则定位画框。

558 装饰画悬挂前面的方法

序号	内　容
一	最可行的当然还是钉子，但是用钉子墙面一点不破坏是不可能的。我们最好是考虑好位置就不要轻易改动，如果是主要的地方挂上就不轻易动的画，就可以用钉子
二	吊放。从顶面上垂下吊线或有装饰性的绳、链等，将画吊起，同时吊一幅或多幅均可，别致而无空间限制。也可以用钉钉在天花板脚线，然后用鱼线按自己要求的高度把画挂上去

PART

15

施工验收工程

施工验收包括家装各个施工阶段相互衔接时的验收项目。如水电验收、瓦工验收、木作工程验收、涂料工程验收等。还包括了各种材料安装施工后的验收技巧。如木地板验收时，关键看地板衔接的缝隙大小、表面的平整度；瓷砖验收则手摸瓷砖的边角处是否有凸起，或表面是否有裂纹等。

559 验收的阶段

装修验收是家庭装修的重要步骤，对装修中的各个部分进行验收可以避免装修后期一些质量问题的出现。装修验收分初期、中期和尾期三个阶段，并且每个阶段验收项目都不相同，尤其是中期阶段的隐蔽工程验收，对家庭装修的整体质量来说至关重要。

560 装修初期的验收内容

初期验收最重要的是检查进场材料（如腻子、胶类等）是否与合同预算单上的材料一致，尤其要检查水电改造材料（电线、水管）的品牌是否属于装饰公司专用品牌，避免进场材料中掺杂其他材料影响后期施工。

561 水路改造验收

对水路改造的检验主要是进行打压实验，打压时压力不能小于 6kg 力，打压时间不能少于 15 分钟，然后检查压力表是否有泄压的情况，如果出现泄压则要检查阀门是否关闭，如果出现管道漏水问题要立即通知项目负责人，将管道漏水情况处理后才能进行下一步施工。

562 电路改造验收

检验电路改造时要检查插座的封闭情况，如果原来的插座进行了移位，移位处要进行防潮防水处理，应用三层以上的防水胶布进行封闭。同时还要检验吊顶里的电路接头是否也用防水胶布进行了处理。

563 墙、地砖验收

墙、地砖主要是检查其空鼓率和色差。墙、地砖的空鼓率不能超过 5%，否则会出现脱落。业主还可以检查墙、地砖砖缝的美观度，一般情况下，无缝砖的砖缝在 1.5mm 左右，不能超过 2mm，边缘有弧度的瓷砖砖缝为 3mm 左右。

564 木作工程验收

首先要检查现场木作是尺寸是否精确。现场制作的木门还应验收门的开启方向是否合理，木门上方和左右的门缝不能超过 3mm，下缝一般为 5~8mm。除了查看门缝，还应该检查门套的接缝是否严密。

565 吊顶验收

首先要检查吊顶的木龙骨是否涂刷了防火材料，其次是检查吊杆的间距，吊杆间距不能过大否则会影响其承重，间距应在 600 ~ 900mm。再次要查看吊杆的牢固性，是否有晃动现象。

566 墙顶面涂料验收

验收墙面、顶面应该检查其腻子的平整度，可以用靠尺进行检验，误差在 2~3mm 以内为合格。业主在验收墙面、顶面时尤其要注意阴阳角是否方正、顺直，用方尺检验即可。

567 后期验收需要在场的人员

后期验收需要业主、设计师、工程监理、施工负责人四方参与，对工程材料、设计、工艺质量进行整体验收，合格后才可签字确认。

568 装修验收过程中的误区

重结果不重过程。有些业主甚至包括一些公司的工程监理，对装修过程中的验收工程不是很重视，到了工程完工时，才发现有些地方的隐蔽工程没有做好，如因防水处理不好，导致的卫浴、墙面发霉等。

569 确定工程验收在保修期内的方法

① 装修商在工程竣工后，应书面通知业主验收，业主接到通知后，必须在合同约定的验收期内，并于验收后当天内签署工程验收证明，工程未经验收，业主提前使用，视为验收合格。

② 验收时，如发现因装修商责任造成质量问题而需返工或修补时，甲、乙双方应议定修补措施和期限，并由装修商在规定期限内完成。

570 检查有地漏房间“倒坡”现象的方法

检验方法非常简单。打开水龙头或者花洒，一定时间后看地面流水是否流畅，有无局部积水现象。除此之外，还应对地漏的通畅、坐便器和面盆的下水进行检验。

571 电路施工验收需要注意的细节问题

装修完成后，电路验收主要查看插座的接线是否正确、是否通电，以及卫浴的插座是否设有的防水盖。还要仔细看看各房间插座的供电回路，以及厨房、卫浴的供电回路各自独立使用的漏电保护器。

在没有测电笔等专业工具的情况下，检查插座通电是否正常的小技巧是，使用手机充电宝，若指示灯正常点亮，则说明插座的通电是正常的。

572 装修施工验收层高的方法

工具用卷尺或是激光尺，在户内的多处地方测量。一般来说，在 2.65m 左右是可接受的范围，如果房屋低于 2.6m，那么房屋就需要进行特别考虑，这种房屋将使业主日后不得不生活在一种压抑的环境里。采样数据来源地点与具体数据，最好记在一个小本子上，同时把一些验收房子的数据和问题写在物业公司提供的纸张上。

573 装修施工验收油漆的方法

① 家具混油的表面是否平整饱和。应确保没有起泡，没有裂缝，而且油漆厚度要均衡、色泽一致。

② 家具清漆的表面是否厚度一致，漆面是否饱和、干净，没有颗粒。

③ 墙面乳胶漆是否表面平整、反光均匀，没有空鼓、起泡、开裂现象。

574 装修施工验收清油涂刷的方法

清油涂刷的颜色及使用的清油种类应符合设计要求，涂刷面不允许有漏刷、脱皮、斑迹、裹棱、流坠、皱皮等质量缺陷，木纹清楚，棕眼刮平，颜色一致，无刷纹，手触摸检查表面应光滑平整。

575 装修施工验收板材隔墙的方法

质量标准	验收方法
隔墙板材的品种、规格、性能、颜色应符合设计要求；如有隔声、隔热、防潮等特殊要求的工程，板材应有相应性能等级的检测报告	用眼观察、检查产品合格证书、进场验收记录和性能检测报告

576 装修施工验收骨架隔墙的方法

质量标准	验收方法
骨架隔墙所用龙骨、配件、墙面板、填充材料及嵌缝材料的品种、规格、性能和技术木材含水率应符合设计要求。有隔声、隔热、阻燃、防潮等特殊要求的工程，材料应有相应性能等级检测报告	用眼观察、检查产品合格证书、进场验收记录、性能检测报告和复检报告

577 装修施工验收玻璃隔墙的方法

质量标准	验收方法
玻璃隔墙工程所用材料的品种、规格、性能、图案和颜色应符合设计要求。玻璃板隔墙应使用的是安全玻璃。玻璃砖隔墙的砌筑或玻璃板隔墙的安装方法应符合设计要求	用眼观察、检查产品合格证书、进场验收记录、性能检测报告

578 装修施工验收玻璃门的方法

质量标准	验收方法
全玻门的质量和各项性能应符合设计要求	检查生产许可证、产品合格证和性能检测报告

全玻门的安装必须牢固，预埋件的数量、位置、埋设方式、与框的连接方式必须符合设计要求。全玻门的配件应齐全，位置应正确、安装应牢固，功能应满足使用要求和全玻门的各项性能要求。

579 装修施工验收木门窗的方法

质量标准	验收方法
门窗框的安装必须牢固。预埋木砖的防腐处理、木门窗框固定点的数量、位置及固定方法应符合设计要求	用眼观察、手扳检查、检查隐蔽工程验收记录和施工记录

580 装修施工验收铝合金门窗的方法

质量标准	验收方法
铝合金门窗框的安装必须牢固。预埋件的数量、位置、埋设方式、与框的连接方式应符合设计要求	用眼观察、尺量检查、检查产品合格证书、性能检测报告、进场验收记录、复检报告、隐蔽工程验收记录

581 装修施工验收石材饰面板的方法

质量标准	验收方法
大理石、花岗石饰面板的品种、规格、颜色和性能应符合设计要求	用眼观察、检查产品合格证书、进场验收记录和性能检测报告

582 装修施工验收金属饰面板的方法

质量标准	验收方法
金属饰面板安装工程的预埋件、连接件的数量、规格、位置、连接方法和防腐处理必须符合设计要求。后置埋件的现场拉拔强度必须符合设计要求。金属饰面板的安装必须牢固	用眼观察、手扳检查、检查进场验收记录、隐蔽工程验收记录和施工记录

583 装修施工验收木饰面板的方法

质量标准	验收方法
木板饰面板的嵌缝应密实、平直，宽度和深度应符合设计要求，嵌填材料色泽应一致	用眼观察、检查产品合格证书、进场验收记录和性能检测报告

584 装修施工验收壁纸裱糊的方法

质量标准	验收方法
壁纸的种类、规格、图案、颜色和燃烧性能等级必须符合设计要求和国家现行标准的有关规定	用眼观察、检查产品合格证书、进场验收记录和性能检测报告

585 装修施工验收软包的方法

质量标准	验收方法
软包工程的龙骨、衬板、边框应安装牢固，无翘曲，拼缝应平直	用眼观察、手扳检查

586 装修施工验收陶瓷地砖的方法

质量标准	验收方法
砖面层的表面应洁净、图案清晰、色泽一致、接缝平整、深浅一致、周边直顺。板块无裂纹、掉角和缺棱等缺陷	用小锤敲击检查，如单块砖边角有局部空鼓。且每个房间不超过总数的5%可忽略不计

587 装修施工验收陶瓷墙砖的方法

质量标准	验收方法
陶瓷墙砖粘贴工程的找平、防水、黏结和勾缝材料及施工方法应符合设计要求及国家现行产品标准和工程技术标准的规定	检查产品合格证书、复检报告和隐蔽工程验收记录

588 装修施工验收外墙砖的方法

质量标准	验收方法
墙面突出物周围的外墙砖应整砖套割吻合，边缘应整齐。墙裙、贴脸突出墙面的厚度应一致	用眼观察、检查产品合格证书、进场验收记录，性能检测报告和复检报告

589 装修施工验收外墙面马赛克的方法

质量标准	验收方法
满粘法施工的马赛克工程应无空鼓、裂缝	用眼观察、用小锤轻击检查

590 装修施工验收外石材地面砖的方法

质量标准	验收方法
大理石、花岗岩面层的表面应洁净、图案清晰、色泽一致、接缝平整、深浅一致、周边直顺。板块无裂纹、掉角和缺棱等缺陷	用小锤敲击检查，如单块砖边角有局部空鼓。且每个房间不超过总数的5%可忽略不计

591 装修施工验收内墙涂饰的方法

质量标准	验收方法
内墙涂饰工程应涂饰均匀、黏结牢固，不得漏涂、透底、起皮和掉粉	用眼观察、手摸检查、检查施工记录

592 装修施工验收墙面抹灰的方法

质量标准	验收方法
抹灰层与基层之间及各抹灰层之间必须黏结牢固，抹灰层应无脱层、空鼓，面层应无爆灰和裂缝等缺陷	用眼观察、用小锤轻击检查、检查施工记录

593 装修施工验收强化复合地板的方法

质量标准	验收方法
强化复合地板面层的颜色和图案应符合设计要求。图案应清晰、颜色应均匀一致、板面无翘曲	用眼观察、脚踏检查、用小锤轻击检查

594 装修施工验收实木地板的方法

质量标准	验收方法
实木地板的面层为非免刨免漆产品，应刨平、磨光，无明显刨痕和毛刺等现象。实木地板的面层图案应清晰、颜色均匀一致	用眼观察、手摸检查、脚踏检查

595 装修施工验收实木地板的方法

质量标准	验收方法
实木地板的面层为非免刨免漆产品，应刨平、磨光，无明显刨痕和毛刺等现象。实木地板的面层图案应清晰、颜色均匀一致	用眼观察、手摸检查、脚踏检查

596 地板维修后的验收方法

地板修复后，保修方和用户双方应及时对修复后的地板面层进行验收，对修复总体质量、服务质量等予以评定。保修方应在保修卡上登记修复情况，用户签字认可。保修方在剩余保修期内有继续保修的义务。

597 装修施工验收地毯的方法

质量标准	验收方法
地毯表面不应起鼓、起皱、翘边、卷边、露线和有毛边，绒面毛顺光一致，地毯面干净、无污染和损伤	用眼观察、手摸检查、脚踏检查

598 装修施工验收木材表面涂饰的方法

质量标准	验收方法
木材表面涂饰工程的光泽度与光滑度应符合设计要求	用眼观察
木材表面涂饰工程中不允许出现流坠、疙瘩、刷纹等的质量缺陷	用眼观察、手摸检查

599 装修施工验收木墙裙的方法

① 木墙裙的构造符合设计要求，预埋件经过防腐处理。

② 使用木料含水率木龙骨小于12%、胶合板小于10%，面板用材树种统一，纹理相近。

③ 收口角线及踢脚板与墙裙用料树种一致。

④ 目测墙裙面板无死节、髓心、腐斑，花纹、色泽一致。

⑤ 外形尺寸正确，分格规矩，手检查漆膜光亮、平滑，无透底、漏刷、流坠等质量缺陷。

600 装修施工验收暖气罩的方法

① 暖气罩的规格、尺寸及造型符合设计要求，单独暖气罩时表面转角为圆弧，散漏网与暖气罩框架吻合，安装、拆卸自如。

② 暖气罩要造型自然，分格规矩。暖气罩顶部结构牢固，木龙骨及饰面板符合细木工制作用料标准，木制表面涂刷质量符合细木工制作要求。